EUGÈNE NOEL

Avec Gravures dans le texte

ROUEN

MÉGARD ET Cie, LIBRAIRES-ÉDITEURS

BIBLIOTHÈQUE MORALE

DE

LA JEUNESSE

2e SÉRIE GRAND IN-8° RAISIN

Cerfs et Biches.

PETITES

ET

GROSSES BÊTES

ESSAI

DE ZOOLOGIE POPULAIRE

PAR

EUGÈNE NOEL

Avec Gravures dans le texte

ROUEN

MÉGARD ET Cie, LIBRAIRES-ÉDITEURS

1880

PRÉFACE.

Ceci n'est nullement un cours d'histoire naturelle. Vous n'y trouverez, jeunes lecteurs, que le résultat des réflexions attentives d'un ami de la nature devant quelques-unes des petites et grosses bêtes dont nous vivons entourés. Nous commencerons par les plus petites et les plus nuisibles, et nous arriverons aux plus grosses, en ayant soin de finir par l'une des plus intéressantes et des plus intelligentes, c'est-à-dire par le castor, après avoir commencé par le hanneton.

Si ces quelques pages vous donnent le désir d'étudier l'histoire des animaux d'une manière plus suivie et plus complète, ce livre aura rempli son but. Mais n'oubliez pas que l'étude des animaux a pour fondement toutes les autres sciences, au moins en leurs généralités et en leurs points principaux; donc, ô mes amis, instruisez-vous.

PETITES

ET

GROSSES BÊTES.

LE HANNETON.

Le hanneton est, dans nos contrées, un des destructeurs les plus redoutables ; il étend ses ravages à toutes les cultures, aux champs, aux jardins, aux prairies, aux forêts (aux forêts surtout).

A l'état d'insecte parfait, le hanneton dévore les feuilles et les jeunes pousses des arbres ; à l'état de larve, sous le sol, il ronge infatigablement toute racine.

Ses dévastations semblent avoir été autrefois moins grandes qu'aujourd'hui. Cela s'explique : les hautes futaies, si nombreuses en France, servaient d'asile, sur tout le territoire, à une immense population de corbeaux, qui partout dévoraient les mans.

Au commencement de ce siècle, en Normandie, dans le pays de Caux, où les villages avaient de loin l'aspect de forêts, à cause des fossés plantés de grands arbres qui partout entouraient les fermes, à cause aussi des hêtrées qui servaient d'avenues aux châteaux, les corbeaux pullulaient, et les hannetons étaient inconnus. Mais, en abattant les grands arbres, on a chassé les corbeaux ; les hannetons et les mans alors se sont montrés, et ils deviennent dans la contrée de plus en plus nombreux.

Le hanneton et le ver blanc.

Le hanneton, à l'état de larve et d'insecte parfait, vit en tout trois ans.

La femelle, vers la fin de sa vie, c'est-à-dire dans le courant de mai, dépose ses œufs dans le sol, où elle les enfonce à l'aide de ses pattes de derrière à quelques millimètres de profondeur, ayant soin pour cela de choisir les terrains un peu friables et bien exposés. Ces œufs n'éclosent qu'après une incubation qui, selon la température et la nature du sol, peut varier de trente à quarante jours. Pendant quelques mois et même pendant la première année de leur existence, les vers blancs ou larves qui sortent de ces œufs, ne se développant qu'avec une extrême lenteur, ne font aux racines que de faibles dégâts ; mais à partir du printemps de la seconde année, leur voracité est terrible, et jusqu'en juillet et août, ils ne cessent de dévorer. A cette époque, ayant atteint leur complet développement, ils s'engourdissent, se changent en chrysalides, restent dans cet état deux mois, quelquefois plus; puis en octobre, novembre et janvier, arrivent à l'état parfait. Mais ils ne sortiront de leur engourdissement qu'au retour des influences printanières.

On a, je crois, exagéré la difficulté que présente la destruction de ces insectes; si les populations rurales en prenaient la peine, il est probable, au contraire, qu'on en viendrait aisément à bout. Le hanneton ne semble vivre que de notre indifférence. Nul insecte plus infécond, plus lourd, plus infirme, plus engourdi, plus facile à saisir, surtout à l'état parfait. Il ne faut que secouer les jeunes arbres pour l'en faire tomber par centaines. Sa lenteur à prendre le vol laisse plus de temps qu'il n'en faut pour le ramasser. Il y a même dans ces lents préparatifs de vol chez le hanneton un phénomène des plus singuliers. Les oiseaux, les mouches, prennent leur vol brusquement, et cependant, avant de quitter terre, il leur a fallu changer leur densité, se rendre plus légers, c'est-à-dire se gonfler d'air ; mais ce gonflement se fait par un mécanisme rapide. Voyez le hanneton, au contraire : il ouvre et referme ses ailes à plusieurs reprises, leur donne pendant quelques instants le mouvement d'un soufflet ; c'est ainsi seulement qu'il parvient à gonfler ses outres ; et s'il essaye trop tôt de s'élancer dans l'air, il retombe.

Les hannetons ont le vol maladroit et bas ; ils ne peuvent aller contre le vent, ce qui fait qu'on les voit le soir passer tous emportés dans la même direction : si le vent les pousse à la mer, ils y tombent et s'y noient par milliers. Ils ne volent qu'aux heures crépusculaires ; tout le reste du temps ils dorment ou mangent.

C'est le seul de tous les insectes que la nature semble

ne produire qu'à regret. Tandis que les femelles de certaines espèces peuvent pondre en un jour plus de 80,000 œufs, la femelle du hanneton, pour toute sa saison, en pond au plus 60 à 80. Le nombre des femelles étant probablement égal à celui des mâles, il ne se produit donc en trois ans que 30 à 40 mans pour un hanneton; ce serait à peine assez pour conserver l'espèce, si nous n'avions pas nous-mêmes détruit en grande partie les ennemis que la nature leur avait donnés. C'est donc à nous, à notre incurie, qu'ils doivent de vivre en si grand nombre.

Leur voracité, durant la période de leur existence, s'attaque à tous les végétaux; dans la seconde période, ils dépouillent de leur verdure tous les arbres; s'ils ne les tuent, ils les affaiblissent, entravent et retardent pour plusieurs années leur végétation.

On dit qu'à l'état de mans, ils préfèrent à toute autre la racine du fraisier, et quelques jardiniers croient préserver les jeunes arbres en plantant des fraisiers dans leur voisinage, afin de les y attirer.

Des écrivains agronomes ont proposé, pour encourager la destruction des hannetons, de les utiliser pour la nourriture des volailles, qui en sont très-friandes; mais lorsqu'on a recours à ce moyen, il en faut user avec grande réserve, si l'on ne veut avoir des œufs empestés. Peut-être serait-il mieux de les donner aux cochons. Mais le vrai profit à tirer des hannetons et des mans, c'est de s'en débarrasser. De quelque manière qu'elle ait lieu, leur destruction sera toujours profitable. On entretiendrait une armée pour leur faire la chasse avec ce qu'ils coûtent annuellement à l'Europe.

J'ai dit que leur transformation est souvent complète dès le mois d'octobre de la troisième année; cependant presque tous les entomologistes ont longtemps dit le contraire.

Mais les récentes expériences d'un habile cultivateur normand, M. Reiset, les observations plus récentes encore de M. F.-A. Pouchet, ne laissent aucun doute à cet égard.

Tous les terrassiers, tous les jardiniers savent bien que dès le mois d'octobre ils trouvent dans la terre des hannetons à l'état parfait. M. Joigneaux se demande si, pendant l'hiver, ils ne mourront pas de faim. Nullement: ils ne mourront pas plus que ne meurent les limaçons et quelques espèces d'insectes qui peuvent passer l'hiver, et dont la vie est pour ainsi dire suspendue pendant plusieurs mois.

Si, avant d'écrire que les hannetons mourront de

faim pendant l'hiver, on avait pris la peine de conserver dans des boîtes remplies de terre quelques-uns de ces insectes trouvés en octobre, on aurait vu qu'ils peuvent rester tout l'hiver engourdis au fond de ces boîtes, pourvu qu'on ne les expose pas à une température trop douce; car, transportés dans un appartement chaud, ils s'animent, sortent, prennent leur volée, et, la nourriture, en effet, leur manquant, ils meurent; mais tenus au froid, l'engourdissement se prolonge, et l'insecte n'en sort que sous l'influence printanière, c'est-à-dire du 15 au 20 avril, alors que, sous la même influence, les feuilles commencent à se développer.

On sait quels ravages ont été causés par les hannetons, surtout en Normandie; on sait que les conseils municipaux, que l'administration départementale ont voté des fonds et pris des mesures pour arrêter, ou tout au moins amoindrir cette invasion croissante. Mais quelques personnes, qui font de l'agriculture dans leur cabinet, se sont étonnées de cette émotion et n'ont pu croire que le mal fût aussi grand qu'on le disait; quelques journaux même ont trouvé étrange que l'on employât une partie des fonds publics à organiser le hannetonnage. Heureusement, ou plutôt malheureusement, l'administration n'avait que trop de quoi répondre.

Le préfet évaluait à 2,600,000 fr. les ravages occasionnés par les mans en 1866, dans le département.

M. Reiset affirme sans hésitation que ce chiffre est beaucoup au-dessous de la réalité. Et vous savez à combien il estime ces ravages : ils ont dépassé, selon lui, la somme de *vingt-cinq millions !*

M. Reiset évalue ses propres pertes en 1866, dans une exploitation de 100 hectares, à 18 000 fr. Au lieu de 40,000 kilog. de betteraves par hectare, il en a récolté 7,000, et de mauvaise qualité.

Sur une seule pièce de terre de 1 hectare 40 ares, deux femmes, suivant la charrue (aux trois labours), ont ramassé 340 kilog. de mans. Ce travail a coûté 16 fr. 50 c.; mais M. Reiset, par cette mince dépense, assurait sa récolte de colza. Ses voisins, au contraire, qui avaient dédaigné le hannetonnage, ne récoltaient rien. Mais il faudra bien qu'un jour ou l'autre ils se décident à faire ramasser ces larves. Il faudra bien qu'un jour (et le plus tôt sera le mieux), tout le monde avoue que la chasse aux insectes est une des premières nécessités de l'agriculture.

Peut-être serait-il bon, en outre, de ne plus détruire aussi inopportunément les plus naturels, les plus économiques de tous les ramasseurs, qui sont les oiseaux et particulièrement les corneilles. Si nous étions encore au temps des adages rimés, je demanderais volontiers qu'au-dessus de la porte de toutes les halles de villages, on inscrivît ce distique, jusqu'à ce que petits et grands l'eussent pour toujours gravé dans leur mémoire :

> Qui conservèra les corneilles
> Aura du blé dans ses corbeilles.

Lorsque, pour la première fois, le préfet Romieu parla de faire la guerre aux hannetons, on se rappelle quels éclats de rire accompagnèrent ses arrêtés. Il dut lui-même renoncer à organiser dans son département cette chasse utile. Le rire est si puissant dans le pays de Voltaire! Mais, pour être vraiment fort, ce n'est pas tout d'être gai, il faut encore avoir raison. Aussi les idées très-justes du préfet Romieu ont-elles fini par être adoptées.

Je voudrais maintenant indiquer les causes auxquelles on peut attribuer l'invasion croissante des hannetons, et le moyen d'y mettre ordre.

Mais il convient avant tout d'établir que les hannetons, bien qu'évidemment ils aient existé de tout temps, étaient fort peu connus il y a un siècle ou deux. C'est un fait que beaucoup d'écrivains agricoles contestent ;

mais qu'on me permette, pour le démontrer, d'alléguer d'abord un témoignage de famille.

Mon père était un paysan cauchois du canton de Fontaine-le-Dun ; en 1809, au mois de juillet, à l'âge de vingt-trois ans, il quitta son village et vint s'établir à Rouen. C'est là seulement qu'au printemps de 1810 il vit pour la première fois un hanneton ; le nom même de l'insecte jusque-là lui était resté inconnu. Eh bien ! je vous le demande, pensez-vous que l'on puisse actuellement trouver dans toute la Normandie un garçon de vingt-quatre ans qui n'ait jamais entendu parler de hannetons ?

Mais ce qui, sans doute, vous surprendra davantage, c'est que de savants docteurs, des hommes qui toute leur vie firent profession d'étudier l'histoire naturelle au point de vue même de l'agriculture, n'en aient pas su beaucoup plus que mon père.

Vers la fin du XVIIe siècle, Noël Chomel, un curé de Lyon, fort instruit, fort versé, pratiquement et théoriquement, aux choses de l'agriculture, pour avoir, pendant de longues années, administré les biens que la communauté de Saint-Sulpice possédait à Vincennes, et pour avoir résumé toutes les connaissances ou plutôt toutes les ignorances agricoles de son temps en trois volumes in-folio, qui eurent grand succès et furent réimprimés plusieurs fois sous le titre de *Dictionnaire économique contenant divers moyens d'augmenter son bien et de conserver sa santé*, Noël Chomel, dis-je, écrivait sur le hanneton un article d'où l'on peut conclure qu'il ne connaissait guère l'insecte dont il parle. Il affirme que les hannetons *vivent plusieurs années*, et qu'après avoir paru deux mois dans le printemps, « ils se retirent et vivent dans la terre, où ils sont cachés pendant plus de dix mois *sans prendre aucune nourriture.* »

On connaissait si peu le hanneton au XVIIe siècle, que Lemaistre de Sacy, dans sa traduction de la Bible (Isaïe, chapitre XXXIII, vers. 4), le confond avec les sauterelles, et que Port-Royal, à la même époque, commet la même faute. Pierre Richelet, dans son grand Dictionnaire, parle, lui aussi, du hanneton en homme qui ne l'a jamais vu. Remarquez-vous que la Fontaine, qui introduit tant d'animaux dans ses fables, n'a pas un mot sur le hanneton?

Est-ce à dire que l'insecte ravageur n'ait jamais fait d'invasion en Europe avant notre siècle? Evidemment non; mais ces invasions étaient rares, et l'on n'en cite qu'un très-petit nombre. En 1574, ils ravagèrent la côte occidentale d'Angleterre ; en 1688, ce fut, en Irlande, le comté de Galway qui en fut infesté. Je crois aussi me rappeler que le *Magasin pittoresque*, il y a quelques années, reproduisait une vieille gravure représentant une troupe de paysans furieux et affolés, faisant à coups de bâtons, dans les bois, la chasse aux hannetons.

Mais ces invasions, je le répète, paraissent avoir été rares. On n'a, en effet, jamais, je crois, signalé l'intervention de l'Eglise ni d'aucun tribunal contre ces insectes, intervention qui n'eût pas manqué d'avoir lieu si leurs ravages avaient été au moyen-âge aussi fréquents et aussi terribles que de nos jours.

Il n'y a nullement à douter de ce fait, car les exemples abondent.

A Troyes, en plein XVIe siècle, sentence fut rendue contre des chenilles, en ces termes : « Parties ouïes; faisant droit sur la requête des habitants de Villenoce, admonestons les chenilles de se retirer dans six jours, et, faute de ce faire, les déclarons maudites et excommuniées. »

A Grenoble, même arrêt contre les limaces. Dans l'évêché d'Autun, les rats s'étaient multipliés d'une manière terrible : procès leur est intenté, assignation de *comparoître*; ils firent défaut, on les excommunia.

S'il n'est resté contre les hannetons aucune trace d'excommunication, c'est qu'évidemment leurs invasions ne furent ni fréquentes, ni redoutables.

Le hanneton n'est donc que depuis peu d'années une bête véritablement funeste à l'agriculture. Ceci vous est, je crois, suffisamment démontré.

Il ne me reste plus qu'à vous indiquer la cause de ces invasions, toujours croissantes, de l'insecte vorace. Je le ferai en peu de mots.

La Normandie, autrefois, était, dans tous ses villages, sillonnée d'immenses futaies; les fermes étaient toutes entourées d'un triple ou quadruple rang de grands arbres. Les forêts y étaient aussi fort nombreuses. Tous ces arbres servaient d'asile à des milliers de corneilles, et ces corneilles, qui s'abattaient par légions innombrables derrière les laboureurs, nettoyaient la terre fraîchement retournée de tous les mans et de toutes les larves malveillantes qui pouvaient s'y trouver. On n'a plus l'idée du nombre prodigieux de corneilles et de corbeaux qui peuplaient, en ce temps-là, non-seulement la Normandie, mais la France entière et l'Europe. Le spectacle étonnant que présentait dans le ciel cette masse d'oiseaux noirs et criards, n'a été bien décrit, je crois, que par Luther. Ceux qui ont lu ce passage très-éloquent de ses œuvres ne l'oublient jamais.

Mon père me parlait souvent aussi des troupes de corneilles qu'il avait vues dans son enfance se réunir de toute une contrée et couvrir parfois des villages entiers.

Où retrouverait-on maintenant un tel spectacle? Les grands arbres ont disparu, et, avec eux, les oiseaux ; voilà pourquoi nous sommes aujourd'hui dévorés par les hannetons et leurs larves.

Dès le siècle dernier, Valmont de Bomare entrevit très-bien le danger. On ne faisait pas encore de grands abattis d'arbres, mais on s'était mis à détruire les corneilles; aussi, le premier, ne craignit-il pas d'écrire : « Les fermiers n'entendent point leurs intérêts, lorsqu'ils mettent tout en œuvre pour exterminer ces oiseaux. »

Le hanneton ne fut donc vraiment connu et vraiment étudié qu'à partir de Valmont de Bomare. Mais les travaux tout à fait décisifs sur l'effroyable insecte sont ceux de Ratzeburg, de F.-A. Pouchet, et tout récemment de M. Reiset.

Le remède au mal consisterait à rappeler les corneilles, en les protégeant, en leur ménageant des asiles, et même en rétablissant çà et là des futaies. Il serait bon de ne plus faire aux taupes une guerre si intempestive. Les taupes et les corneilles sont pour le ramassage des mans, pour le hannetonnage, les plus actifs, les plus économiques de tous les travailleurs. C'est donc à eux, non aux hommes, qu'appartient cette tâche.

Je n'insiste point. Les faits parlent ici suffisamment. Je n'ajoute qu'un mot : nous avons, par notre imprudence et notre incurie, créé le danger; le temps est venu où, sans hésitation, sans retard, nous devons mettre notre intelligence et nos soins à le faire disparaître.

LES CAFARDS.

Les cafards ne sont pas connus de tout le monde ; on ne les trouve guère, en effet, que chez les boulangers, les meuniers, ou dans quelques cuisines exceptionnellement chaudes. Les navires marchands sont souvent aussi infestés de ces ignobles bêtes.... Ce qui est surprenant, c'est que les boulangers, qui les connaissent si bien, qui ont tant à souffrir de leurs ravages, de leur malpropreté, de leur puanteur, en sont encore à savoir leur vrai nom.

Ces insectes, armés de longues cornes ou antennes (d'une fragilité telle, que rarement ils peuvent les conserver entières), sont d'un brun luisant très-foncé. Larges d'un centimètre environ, ils ont à peu près le double de longueur ; leur aspect est hideux ; en quelques contrées on les appelle *bêtes noires ;* mais ils ont reçu plus généralement le nom de *cafards.* Leur vrai nom cependant, leur nom scientifique, est *blattes.* Cela vient d'un mot grec qui signifie *je nuis.*

F.-A. Pouchet disait des blattes : « Ce sont les seules bêtes qui m'inspirent horreur et dégoût. »

Rabelais, qui ne paraît pas les avoir aimées davantage, les accuse d'avoir mangé les Fanfreluches. Les blattes, en effet, dévorent tout ce qu'elles rencontrent, même les vêtements et le bois ; elles ont cependant une préférence marquée pour la farine et le pain.

Aux colonies, où leurs ravages sont terribles, on les connaît sous le nom de *kakerlacs* ou *cancrelats.* Ailleurs, on les appelle *ravets* ou *panetières.*

Bien des personnes croient encore que ce sont elles qui font *cri-cri* dans les fours, dans les cheminées, et les confondent ainsi avec les grillons. Mais qui, diable ! tiendrait à leurs concerts, si les blattes, toutes ensemble, se mettaient à jouer de la même musique ? Ces insectes, dans une seule boulangerie, existent souvent par milliers, tandis qu'aux environs d'un même four, vous trouverez rarement plus de cinq à six grillons, chacun de ces derniers vivant isolément en artiste et en sage. Les poëtes ont célébré le grillon du foyer, comme ils ont célébré le grillon rustique, si cher aux enfants. Mais qui songerait jamais à chanter les cafards et les blattes ?

Insectes coureurs, envahissants, affamés, ils ne quittent leur retraite, néanmoins, que pendant la nuit ; la moindre lumière les fait fuir. Ces bêtes ont si peu d'épaisseur, qu'elles peuvent se glisser dans les fentes les plus minces. Aussi les voit-on, comme par miracle, le soir, couvrir en un instant les murs et le plancher des maisons où elles sont établies. Elles arrivent de tous les côtés à la fois, par les plus invisibles entrées ; elles rongent tout, rincent à fond les plats et les assiettes. Essayez de les tuer à coups de balai ou autrement, en un clin d'œil elles regagnent leur retraite, et le lendemain les murailles en seront de nouveau tapissées. « Le diable les sème, » disait un boulanger.

Tout contribue à donner aux blattes un aspect déplaisant : les ailes et les élytres, chez les mâles, sont plus courts que le corps ; quant aux femelles, elles sont absolument dépourvues d'ailes et n'ont que des moignons d'élytres.

Nous avons vu quelle cause d'ennui elles peuvent être dans les boulangeries et dans les ménages ; mais c'est surtout aux marins qu'elles sont redoutables.

« Cet insecte, dit Blumenbach dans son *Manuel d'Histoire naturelle*, peut être cause des plus grands malheurs et faire mourir tout un équipage. La relation du voyage de Maurelle dans la mer du Sud, qui se trouve dans le premier volume, page 79, du *Voyage de La Pérouse autour du monde*, en offre un exemple effrayant. »

Il suffit, en effet, de deux ou trois blattes, mâles et femelles, enfermées dans un baril de provisions, pour qu'avant la fin de la traversée ces provisions se trouvent entièrement dévorées. Ces blattes, devenues innombrables, mangeront le baril lui-même, et de là se répandront dans tout le navire.

Dans les moulins et les boulangeries non-seulement elles mangent, mais elles souillent, empestent la farine, la pâte, le pain. Ah ! pouah ! les sales bêtes !

On dit qu'elles ont été importées d'Orient. Eh ! pourquoi l'Orient ne les gardait-il ? Mais à quelle époque ce beau cadeau nous fut-il fait ? On ne le dit pas. Les Romains semblent les avoir connues.

J'ai dit qu'heureusement on ne les trouve en France que dans quelques maisons ; mais dans plusieurs cantons de Russie et de Finlande, elles sont comme une damnation générale.

On parle pour le Midi de l'inconvénient des moustiques ; mais vraiment, quand on a vu certaines villes du Nord, on en revient prêt à crier : *Vivent les moustiques et à bas les cafards !* A Atschinskoé, toutes les murailles en sont couvertes, et de partout, la nuit, ils vous tombent sur la tête.

En Amérique, les cafards ont quelquefois jusqu'à un pouce et demi de long.

Ces vilaines bêtes offrent pourtant aux naturalistes un bien intéressant spectacle : c'est la façon dont elles pondent leurs œufs. Ces œufs sont mis au monde au nombre de seize ou dix-huit à la fois, enfermés dans un berceau solide et bien clos, où chacun d'eux a sa cellule isolée. Les entrailles maternelles ont en même temps formé l'œuf et le nid. Mais par quel miracle les œufs se trouvent-ils enfermés dans ce singulier réceptacle ? On ne le sait guère. Ce merveilleux berceau est presque de la grosseur d'un petit haricot ; il est de la même couleur que l'insecte et présente sur l'un de ses côtés une sorte de couture longitudinale.

Dans les maisons peuplées de blattes on trouve journellement de ces coques, mais presque toujours elles sont vides ; car, lorsque les larves en sont sorties, le berceau conserve sa forme et paraît encore plein, l'ouverture s'étant parfaitement refermée.

La femelle ne met pas moins de huit jours à se débarrasser de cette étrange machine, presque aussi grosse qu'elle ; on la voit se promener, traînant l'énorme berceau à moitié sorti de son corps.

On dit que la ponte commence huit jours seulement après la fécondation ; si cela est, comment, en si peu de temps, ces dix-huit cellules peuvent-elles se former et se clore? Les physiologistes, lorsqu'ils le voudront, trouveront là matière à de curieuses observations.

Ce nid une fois déposé par la mère dans un endroit convenable, les seize ou dix-huit œufs qu'il contient éclosent plus ou moins vite, selon la température. Les jeunes larves, parfaitement protégées, trouvent probablement quelque nourriture là dedans préparée à l'avance ; aussi, après leur éclosion, y restent-elles enfermées plusieurs jours. La femelle, lorsqu'il en est temps, vient elle-même, à l'aide de ses longues antennes, élargir les dix-huit ouvertures, et la famille sort.

Voilà ce qui, pour les physiologistes, peut rendre les blattes intéressantes ; mais pour les cultivateurs, pour les boulangers et pâtissiers, pour vous et pour moi, fi ! les cafards ne seront jamais que des rongeurs infects et des gâte-farine.

Blumenbach prétend que, dans les maisons qui n'en

sont pas encore trop envahies, il suffit de placer pendant la nuit un canard ou un hérisson. Mais le canard, pendant la nuit, dormirait, et serait en dormant, le malheureux, dévoré par les blattes. Quant au hérisson, si la population n'était composée encore que de quelques individus, je veux bien croire qu'il pourrait les détruire; mais les œufs cachés dans les fentes, où les trouverait-il? Pour moi, c'est à la chimie que j'aurais recours pour me débarrasser de l'affreuse vermine. Il y faudrait de la patience et de l'attention ; j'en aurais.

LES GUÊPES.

Les guêpes, vrepes ou vespres, en latin *vespæ*, doivent être classées évidemment parmi les insectes nuisibles, puisqu'elles peuvent aller à notre égard jusqu'à l'as-

La guêpe.

sassinat; du moins, l'assassinat qu'une seule guêpe ne peut accomplir le sera très-bien par tout un guêpier;

les grandes guêpes même, telles que les frêlons ou foulons, n'ont besoin que de se réunir sept ou huit pour tuer un homme. Heureusement ces assassinats sont rares.

Il est bon aussi de dire qu'en toutes choses les guêpes font plus de bruit et causent plus de peur que de mal; elles gâtent un peu les fruits et surtout le raisin; elles tuent un assez grand nombre d'abeilles, mais elles sont, chez les bouchers, des sentinelles vigilantes contre les mouches à viande. Quelques bouchers leur font la chasse; ils devraient les attirer, au contraire. Sans doute, elles mangent un peu de viande, mais elles ne la gâtent pas en y déposant leurs œufs; et dans quelques endroits les bouchers les attirent, en effet, en laissant à leur discrétion un morceau de foie, dont elles sont très-friandes.

Maintenant, pour être justes, ajoutons que les guêpes, malgré leur importunité incessante, malgré l'agacement et l'ennui dont elles nous poursuivent jusque dans nos maisons, nous inspirent une véritable admiration, je dirais presque un véritable respect, par leur activité intelligente et dévouée. Ce sont les citoyennes d'une république modèle, dont Athènes, Sparte et Rome ne furent que d'imparfaites copies! Une guêpe ne travaille, ne vit, ne se conserve, ne respire que pour le guêpier.

La question capitale en toute vraie république est celle de l'éducation (et ce fut, en effet, le grand art de la Grèce); l'éducation est aussi le point où les guêpes excellent. Par l'éducation et la nourriture (deux mots autrefois synonymes), elles suppriment ou développent les sexes à volonté. Elles ont posé et résolu ce hardi problème d'une double éducation formant des créatures vraiment inégales en leurs facultés, et dont les unes sont les esclaves des autres.

La vie de la guêpe est une lutte, une guerre incessante; si cet insecte perdait un seul instant de son énergie, il disparaîtrait du globe. Aucun autre animal ne donne l'exemple d'une aussi prodigieuse activité. Sa vie entière n'est, ne peut être qu'un accès de fureur. Songez que des milliers d'habitants dont se compose tout le guêpier en juillet et août, il ne survit au printemps souvent qu'une seule femelle; cette femelle, fécondée du commencement de l'automne, cachée en hiver dans quelque mur, fera subir à ses œufs, avant de les pondre, six mois d'une incubation léthargique; puis, réveillée au printemps, il lui faudra bâtir un nid, pondre, soigner ses larves, préparer les assises de la future république. Les jeunes guêpes élevées à la hâte, les unes exclusivement pour la reproduction, les autres exclusivement pour le travail, vous verrez en quelques semaines se développer la cité bourdonnante. Les citoyennes issues de cette première éclosion deviendront mères elles-mêmes en très-peu de temps, et de nouvelles générations viendront, jusqu'à l'automne, augmenter la population.

Mais à mesure que les nouveaux habitants ont surgi, il a fallu agrandir la cité; il a fallu trouver sa subsistance et celle des nombreuses larves, toujours renaissantes. Dans un tel état de choses, comment faire des économies pour l'hiver? Aussi, aux premières atteintes du froid, la république comprend que pour elle l'heure de la mort est venue; nul abattement chez ces vaillants insectes, ils iront eux-mêmes au-devant de leur destinée. Mourir n'est rien; mais mourir de froid, de faim, de misère, voilà ce que les nobles bêtes ne peuvent supporter. En un instant la résolution est prise et le signal donné : un peuple entier disparaît dans un massacre héroïque; tout tue, tout veut être tué. Le sacrifice achevé, lorsqu'il ne reste plus que quatre ou cinq survivants, ce qu'il y a de femelles dans ces survivants s'unit pour tuer les deux ou trois mâles qui se trouvent encore parmi elles; et ces deux ou trois femelles, qui seules subsistent de toute la cité, vont chacune séparément se cacher au fond de quelque trou, dans lequel, si le froid ou quelque ennemi ne les atteint pas, elles pourront conserver pour l'été suivant l'espoir d'une future république.

Maintenant, que dire de l'industrie des guêpes? Elles ont, des milliers d'années avant l'homme, inventé le papier et le carton. Notez que pour exécuter leurs chefs-d'œuvre de papeterie et de cartonnage, elles savent parfaitement se passer de chiffon.

Ecoutons là-dessus Valmont de Bomare, qui ne fera guère ici que rapporter les résultats des patientes observations de Réaumur :

« On rencontre très-fréquemment, dit-il, des guêpes attachées sur de vieux treillages, de vieux châssis, ou autres bois. Si on les observe, on les voit occupées à ratisser ce bois avec leurs dents, en détacher les fibres, les écharper, les couper, les mettre en masses de forme ronde, qu'elles portent tout de suite à leur guêpier. Aussitôt qu'elles ont fait leur provision de cette matière première de leur papier, elles vont le fabriquer. Pour cet effet, elles l'humectent d'une liqueur qu'elles dégorgent et dont elles se servent pour coller ensemble toutes ces petites fibres, qu'elles pétrissent avec leurs pattes, et réduisent, à l'aide de leurs dents, en lames minces pour former l'enveloppe et même les cellules du guêpier.

« La matière que les guêpes emploient et celles dont nous nous servons sont si peu éloignées l'une de l'autre, que le bien public exige qu'on y fasse attention. Les maîtres de papeteries se plaignent souvent que les vieux chiffons deviennent de jour en jour une matière rare, parce que la consommation du papier augmente, pendant que celle du linge dont il est fait reste à peu près la même. Les guêpes nous donnent des voies pour multiplier le fond de ce commerce; elles nous apprennent que nous pouvons en trouver la matière première ailleurs que dans les chiffons : leur exemple est pour nous une leçon qui doit nous exciter à chercher parmi les plantes inutiles, et même parmi les arbres ou les vieux bois, de quoi suppléer à la disette du vieux linge, à chercher des plantes dont on puisse faire immédiatement du papier, en s'y prenant d'une manière équivalente à celle des guêpes. »

La citation est un peu longue, que le lecteur m'excuse; il ne m'a pas semblé que j'eusse pu mieux dire. Aussi Valmont de Bomare ne fait-il ici que copier Réaumur.

L'édifice, relativement très-solide, que les guêpes

construisent en forme de ruche et qu'elles suspendent aux branches des arbres ou aux solives de nos greniers, est composé de plusieurs feuilles de leur mince papier, lesquelles sont séparées les unes des autres par un petit espace vide. Il en résulte qu'en temps de pluie, l'humidité ne peut être transmise des couches supérieures aux couches inférieures, et qu'ainsi l'intérieur du guêpier reste toujours parfaitement sec.

Voilà, vous le voyez, les insectes qui, bien avant nos architectes, ont inventé le mur creux, c'est-à-dire le véritable mur hygiénique.

Tout le monde sait que certaines espèces de guêpes construisent leur cité sous le sol. Il est difficile, en été, de se promener dans la campagne sans rencontrer quelqu'un de ces guêpiers souterrains, auquel sert d'entrée un trou de deux centimètres environ d'ouverture. Les guêpes entrent et sortent par ce trou avec leur activité terrible. N'allez pas essayer de boucher ce trou pendant le jour (j'y ai été pincé dans mon enfance); car, si vous y enfermez celles qui sont occupées au dedans, vous serez en un instant assiégé par celles qui sont dehors, et vous verrez alors ce qu'on peut craindre de dix à quinze mille mouches puissamment armées.

Mais l'inconvénient que présentent les guêpes n'est

point là; avec de la prudence, on peut éviter d'en être piqué gravement. Leurs vrais ravages, je l'ai dit, s'exercent sur les fruits et sur les abeilles, dont elles pillent le miel et que souvent elles tuent. Avec tout cela, et quoiqu'elles doivent être rangées parmi les insectes nuisibles, il faut avouer qu'elles ne font aux cultivateurs que de bien légers torts, si on les compare à tant d'autres ennemis. D'ailleurs, l'impossibilité où elles sont d'amasser l'été pour l'hiver et le soin qu'elles prennent de se tuer elles-mêmes sont une garantie contre leur trop grande multiplication.

Terminons en rappelant que le vrai remède contre leurs piqûres c'est l'ammoniaque, comme pour la piqûre des vipères.

LES MOUCHES A VIANDE.

N'est-il pas inexplicable que, jusqu'au XVIIe siècle, on ait pu croire que les mouches à viande naissaient spontanément et soudainement de la décomposition des chairs putréfiées ?

Virgile et toute l'antiquité ont cru même qu'il en était ainsi des abeilles, et c'est à cause de cette croyance que Moïse a rangé ces mouches précieuses parmi les animaux impurs.

Pour détruire cette erreur, devenue universelle, il a fallu que Redi fît voir que la chair entourée de gaze se putréfiait sans donner naissance à aucune mouche, attendu que les mouches du dehors, arrêtées par cette gaze, n'y pouvaient venir déposer leurs œufs, d'où éclosent les vers, qui eux-mêmes se changent en mouches.

On a dit que les mouches à viande avaient pour mission de hâter la décomposition des cadavres, et, par conséquent, d'assainir l'atmosphère; je le veux bien; mais il ne faudrait pas qu'elles prissent quelquefois les vivants pour des morts, ce qui leur arrive. Le chirurgien Larrey les a vues très-souvent en Syrie envahir les plaies des soldats blessés. Mais en plein Paris, il y a une cinquantaine d'années, un chiffonnier ivre s'étant endormi en plein air, des mouches déposèrent leurs œufs à l'entrée de ses narines, les larves qui en sortirent pénétrèrent à l'intérieur. Le malheureux se réveilla dans un état horrible. On le transporta à l'hôpital avec le cuir chevelu et la face rongés par ces animaux, qui cheminaient sous la peau déjà criblée de trous. C'était un cadavre en putréfaction, mais un cadavre hurlant et se tordant. J. Cloquet, médecin célèbre, qui donna ses soins à cet homme, ne put le sauver.

La mouche à viande a deux ennemies terribles : la guêpe et l'araignée.

Les bouchers souvent pourchassent et tuent les guêpes qu'ils voient voltiger autour de leurs viandes; mais elles n'y viennent pourtant que pour faire la chasse à la mouche immonde qui porte avec elle la putréfaction.

Je m'en tiens à la mouche à viande; mais vous frémiriez si je vous parlais avec plus de détail de cette odieuse famille des *muscides*. Il y en a dont à peine on oserait dire le nom, tiré de leurs habitudes infâmes; parmi elles, les meurtrières, les empoisonneuses abondent. L'histoire des œstres vous épouvanterait; celles-là pondent leurs œufs sous la peau des gros mammifères, qui se trouvent voués ainsi au supplice de l'enfer. C'est le feu entre cuir et chair. Aussi la vue seule de ces insectes cause une indicible terreur à quelques animaux.

Le bourdonnement d'un seul de ces insectes fait souvent fuir des troupes immenses de rennes, ou disperse, dit M. Pouchet, les chameaux des caravanes. C'est même pour éloigner ces insectes que les chameliers traversent le désert en chantant et en jouant de la musique guerrière.

Mais la plus extraordinaire des mouches et la plus dangereuse paraît être la mouche *tsé-tsé*, qui, seule, a pu effrayer et détourner de leur voie des voyageurs tels que Livingstone, Speke, Stanley.

Une histoire des mouches serait la plus épouvantable de toutes les histoires ; aussi me garderai-je bien de jamais l'entreprendre, et je m'en tiens à ces indications sommaires.

LES COUSINS.

On est forcé d'admirer quelquefois même le mal. Cette réflexion me vient à propos d'une autre bestiole insupportable et vraiment nuisible; nuisible au point de rendre certaines contrées inhabitables. Mais tout odieuse que soit cette bestiole, elle n'en est pas moins l'une de celles dont l'observation offre le plus d'intérêt. Cette misérable mouche — car c'est d'une mouche qu'il s'agit — fut pour moi dès l'enfance, je dois l'avouer, et elle est restée toujours depuis, l'objet d'une attentive curiosité. A l'état de larve, elle vit dans l'eau. Mais comment y vit-elle? Elle respire par la queue, queue dont la construction et le mécanisme sont des merveilles.

L'animal se tient la tête en bas, immobile, ayant à fleur d'eau l'extrémité de cette queue merveilleuse. Au moindre bruit cependant, le vermisseau se précipite au

Cousin, moucheron et mouche.

fond de l'eau; mais il n'a pour se mouvoir ni jambes, ni nageoires; il ne se remue que par brusques cabrioles, à la façon des clowns les plus hardis. Ces larves se trouvent par milliers, durant l'été, dans les eaux stagnantes. Le moindre tesson qu'une pluie d'orage aura empli peut vous offrir ce spectacle étrange.

Ces larves aquatiques, si elles réussissent à bien conduire leur barque, infesteront l'air un jour sous les noms de cousins, bibets, moustiques ou maringouins, selon le pays. *Bien conduire sa barque* n'est pas pour ces insectes une simple métaphore ; écoutez ceci : il y a dans la vie de cet insecte une heure vraiment pathétique, c'est celle où, devenu nymphe, il brise sa coque et sort de l'eau. La coque nage légèrement, comme dut nager le berceau de Moïse. L'insecte la déchire, l'ouvre et en forme un petit batelet au milieu duquel il s'élève debout, servant de mât, de voile, de pilote et de passager à cette embarcation fragile. Il lui faut, pour le pousser au rivage, un peu de vent ; si la brise souffle trop fort, l'équipage chavire, et l'insecte périt au moment où il allait atteindre à la plus belle partie de son existence. Il n'est pas rare de trouver la surface des eaux stagnantes couvertes de leurs débris, lorsque la bise a soufflé un peu trop.

C'est à Réaumur, c'est à M. Pouchet qui découvrit leurs huit estomacs, qu'est due la description complète de ces admirables et terribles insectes.

La science de la navigation a été donnée à cette bestiole. Ceux qui l'ont observée au moment de son arrivée à l'état d'insecte parfait l'ont vue se conduire avec la prudence et la sagesse des plus habiles marins. Mais plus tard, nous les verrons exceller également dans la construction navale. Les œufs de cousin ont besoin pour éclore de rester à la surface de l'eau ; mais leur densité ne leur permet pas de flotter; ils couleraient au fond sans la prévoyance et l'industrie maternelles. La femelle formera de ces œufs, eux-mêmes agglutinés habilement les uns contre les autres, une petite nacelle; elle sait qu'un corps trop lourd pour se tenir de lui-même à la surface de l'eau sera transformé en corps flottant, si on lui donne cette forme. Mais, pour la pauvre mère, quel travail, quel art, quelle patience! Chacun de ces œufs, au nombre de 250 à 300, est pointu par les deux bouts et ne saurait se tenir debout; la femelle, avec ses quatre pattes de devant, s'attache à quelque herbe aquatique; de ses deux pattes postérieures entre-croisées, elle retient les œufs à mesure qu'ils sortent et les agglutine ensemble, puis les dispose de manière que tous, solidement réunis et sans interstices, ils forment un petit batelet qu'elle pourra ensuite abandonner sur l'eau.

Ce spectacle a été vu et décrit pour la première fois au siècle dernier par Réaumur.

Parlerai-je maintenant du mécanisme de perforation, de succion et d'empoisonnement, à l'aide duquel ces mouches nous causent tant de maux? Dans nos régions tempérées, ces piqûres peuvent se supporter; mais elles sont, en de nombreux pays, un affreux supplice.

Dans le midi de la France, souvent on ne peut dormir qu'en s'entourant la tête d'un léger voile.

Leurs persécutions ne s'exercent pas, comme on pourrait le croire, seulement dans les régions méridionales; les Lapons, obsédés par ces insectes, ne s'en garantissent qu'en se barbouillant de graisse ou en se plongeant dans une atmosphère de fumée.

Quelques régions voisines de lacs ou de marais sont rendues, par ces mouches, inhabitables à l'homme.

Les cousins sont donc, pour nous, de vrais ennemis; mais cela ne doit pas fermer nos yeux à leur organisation *admirable.*

LIMACES ET LIMAÇONS.

Les limaces et limaçons peuvent être mis au nombre de nos bêtes les plus dévorantes : feuillage, tiges, fleurs, fruits, germes, rien ne leur échappe ; tous les végétaux leur sont bons ; ils attaquent les cryptogames (champignons et bolets) ; ils mangent le bois pourri, le papier, le linge, les excréments, les charognes; une limace morte devient la pâture des autres limaces; certains limaçons s'entre-mangent vivants.... Linné, saisi d'horreur en présence d'une telle voracité, crut que ces animaux mangeaient jusqu'à la pierre. Linné se trompait, ils se contentent de ronger le lichen et les mousses qui recouvrent les murs ; heureusement! car ils eussent mangé les maisons.

Les limaces sont connues aussi sous le nom de mollets

et arions ; et les limaçons sont souvent appelés colimaçons, hélices, escargots.

Nous devons à la science moderne, sur ces animaux, des observations pleines d'intérêt ; mais les hommes pratiques ne nous ont pas assez dit ce qu'eux-mêmes ils ont eu l'occasion de remarquer.

Anatomiquement, beaucoup d'animaux sont connus dans le moindre détail ; mais leurs mœurs, que Buffon, avec tant de raison, regardait comme une partie essentielle de l'histoire naturelle, nous sont inconnues. C'est pourtant en les étudiant mieux que nous pourrions, parmi tant d'êtres qui nous environnent, apprendre à nous garantir contre nos ennemis et à protéger nos amis.

Les limaces et les limaçons ont été classés parmi les mollusques gastéropodes, c'est-à-dire parmi les mollusques à qui leur ventre sert de pied.

Les poëtes de l'école de Ronsard, qui au XVIe siècle avaient inventé les mots composés, n'eussent pas manqué de les appeler mollusques *ventre-pied ;* ce qui n'eût pas été plus bizarre en français que ne l'est en grec le mot *gastéropode ;* cela eût même présenté l'avantage d'être en France intelligible pour tous.

Il existe des variétés innombrables de ces animaux

ventre-pied. Les limaçons à coquille en forment l'aristocratie, chacun d'eux ayant lambris de nacre et pignon sur rue, comme dit si bien Béranger :

> Au seuil de son palais nacré,
> Ce mollusque à bave incongrue
> Se carre en bourgeois décoré,
> Tout fier d'avoir pignon sur rue.

Les limaces, qui sont chez ce peuple la classe plébéienne, n'ont ni château, ni maison ; mais la nature leur a donné un précieux manteau, solide, épais, visqueux, qui est pour elles un plus sûr abri que la coquille de messieurs de la Limaçonnière.

Dans l'une et l'autre classe, les variétés sont innombrables, et chacune a ses mœurs, sa forme, sa spécialité, son climat. Il n'est pas de cantons où les limaçons ne puissent donner lieu à des collections de coquilles jolies et variées. Toutes les couleurs, sauf, je crois, le vert, y sont représentées. Il y en a de microscopiques, tandis que d'autres atteignent la grosseur d'un œuf de poule. Quelques espèces étrangères à l'Europe nous ont été apportées des autres contrées du monde dans les racines ou les troncs des végétaux exotiques. Heureusement, beaucoup de ces animaux périssent dans la traversée ou sont incapables de supporter nos hivers. Les négociants en bois de teinture ont pu observer, s'il en est qui se livrent à de telles observations, que les coquilles terrestres, quelquefois fort jolies, abondent dans les souches de Camwood, de Saint-Domingue, de Campêche, et surtout de Lima; mais bien rarement il a dû leur arriver d'en trouver de vivantes.

Les limaçons transportent avec eux leur maison; mais ils ne la transportent pas tous de la même manière; les uns la dressent élégamment au-dessus de leur dos, et l'on voit l'édifice s'élever en pointe comme un petit clocher; d'autres la traînent en l'inclinant à droite ou à gauche, selon certaines traditions de famille ou de tribu.

En hiver, ces animaux, réunis souvent en grand nombre, se cachent dans des trous, sous des amas de pierres ou de feuilles, dans les fentes des murs, aux voûtes des caves, dans des creux d'arbres ou sous des racines. La plupart, pendant cette saison, ferment leur logis; mais les uns n'ont qu'une simple porte et d'autres en ont deux, trois et même davantage. Ces clôtures, formées d'une sorte de parchemin très-solide, ont reçu le nom d'épiphragmes. Le limaçon sécrète en marchant un mucus dont il tapisse les endroits où il passe; c'est ce mucus qui lui sert à construire sa clôture. Cette sécrétion lui sert à bien d'autres usages. Le plus singulier est celui que lui donne une certaine *limace agreste*, abondante dans quelques-uns de nos départements. Tout le monde a pu remarquer que les limaces et limaçons fréquentent peu les arbres; il leur faut sans doute trop de temps pour y grimper et pour en redescendre; la limace en question, du haut des plus grands arbres, se suspend à sa bave étirée en un fil très-mince, et descend ainsi en se balançant en l'air à la façon des araignées.

Au lieu d'appeler cette limace *agreste* (comme si une telle épithète ne convenait pas à toutes les limaces), pourquoi ne l'appellerait-on pas limace acrobate, limace Saqui ou limace Léotard? Un de ces noms eût tout de suite éveillé l'attention, en révélant à tous ce singulier phénomène d'un ventre-pied danseur de corde.

Rien de plus curieux à observer que la marche ordinaire des limaçons; il est bizarre, en effet, de voir un ventre servir de pied.

Les serpents aussi, dira-t-on, marchent sur le ventre.

Oui, mais par un procédé tout autre; le ventre n'est pas pour eux l'organe locomoteur, il n'est qu'un point d'appui. Le reptile avance par un mouvement des vertèbres soulevées en arc de cercle et tout à coup rabaissées vers le sol, de manière à faire avancer la partie antérieure du corps de l'animal. Mais chez la limace et le limaçon, pas de vertèbres à mouvoir ; leur marche est le résultat d'ondulations intérieures que l'on peut apercevoir très bien en plaçant l'animal dans un ballon en verre ou dans une carafe. Les ondes assez rapprochées les unes des autres se suivent très-vite, allant de la queue à la tête; mais pendant qu'une onde parcourt toute la longueur de son corps, l'animal n'avance que de la distance d'une onde à l'autre. Il ne paraît pas qu'une autre créature puisse avoir une marche plus compliquée. Cet étrange appareil chez les animaux ventre-pied rappelle un peu cette vieille machine de Marly qui, par tant d'efforts et de complications mécaniques, ne parvenait qu'à monter quelques filets d'eau.

Il survint, il y a quelques années, une grande polémique au sujet des limaçons : on prétendait qu'il était possible de leur enlever les quatre cornes et la tête sans les faire périr. On prétendait même que les parties enlevées repoussaient. La chose était d'autant plus étonnante, que les deux plus longues cornes du limaçon sont ses yeux, construits en forme de télescope. Vérification faite, il se trouva que la chose était vraie. La tête et les cornes du limaçon repoussent, pourvu qu'en les enlevant, on ait épargné le premier ganglion nerveux.

On sait que les *pinces* des écrevisses et les pattes de quelques lézards repoussent de la même manière.

J'ai dit que certains limaçons sont d'une petitesse extrême, tandis que d'autres égalent en grosseur un œuf de poule. Les limaces, de ce côté, n'offrent pas des différences moindres; il y en a de microscopiques, et d'autres qui ont jusqu'à dix et quinze centimètres de longueur. M. Moquintaudon en recueillit une de vingt centimètres au jardin botanique de Toulouse.

Les ventre-pied ne marchent que sur des chemins recouverts d'un tapis d'argent. Le mucus qui incessamment s'échappe de leur corps, lorsqu'ils sont en marche, leur sert à préparer cet enduit brillant qui, en les faisant adhérer aux surfaces sur lesquelles ils cheminent, leur permet de monter le long des murailles et des voûtes.

A l'époque des amours, cette sécrétion devient plus abondante; on voit alors les limaces rouges (les arions) se manger les unes aux autres ce mucus. La plupart des limaces pondent leurs œufs dans le sol, mais quelques espèces les déposent sous l'écorce ou dans les troncs des vieux arbres. Ces œufs éclosent au bout de cinq ou six jours, selon la température du lieu.

Tout le monde sait quels ravages causent dans les cultures les limaces et limaçons; heureusement ces animaux ont des ennemis nombreux, parmi lesquels il faut citer en première ligne le hérisson, les tortues, les cigognes (bêtes précieuses dans les jardins). Les poules, les dindons, les canards en sont également très-friands.

Parmi les insectes se trouvent aussi d'excellents destructeurs de limaces; indiquons seulement le carabe, le ver luisant, le drille : ce dernier pond doucement à l'entrée de la coquille du limaçon un œuf d'où sort une larve qui, en grandissant, dévore les entrailles du monsieur.

Quant aux moyens artificiels de destruction, on n'en connaît pas jusqu'ici de meilleurs que les arrosages avec l'urine du bétail ou le purin de fumier; on peut aussi, dans les petites cultures, recourir à la chaux, au plâtre, à la sciure de bois, aux cendres, qui entravent leur marche, dessèchent leur bave et les font souvent périr sur place.

Le ramassage des limaçons devrait être, dans les fermes, la besogne des enfants. Un cultivateur rapporte qu'il en chargea son fils, enfant de neuf ans, auquel il avait promis un sou par cent, et qui en peu de jours en recueillit cinq mille.

On a remarqué que le sucre, le sel et le tabac tuent les limaçons; il suffit, pour les voir mourir presque instantanément, de leur semer sur le dos quelques grains de l'une de ces trois substances.

Il va sans dire que je n'indique pas cette circonstance comme un moyen pratique applicable en agriculture à la destruction des limaces et limaçons.

Je ne récapitulerai pas, chose bien inutile, tous les remèdes dans la préparation desquels autrefois entraient les limaçons; ils ont surtout un petit os dans la tête dont on dit merveilles pour la guérison des migraines. On n'emploie les limaçons aujourd'hui que dans les affections de poitrine.

Ecrasés ou hachés, limaces et limaçons forment une excellente pâtée pour la volaille. Il ne faudrait pas cependant en nourrir les pondeuses trop exclusivement : les œufs prendraient à ce régime un goût fade et désagréable. C'est du moins l'opinion de M. Joigneaux.

LES LOMBRICS OU VERS DE TERRE.

Voilà de pauvres animaux sourds, muets, aveugles, qui se remuent à peine, qui n'ont d'autres sens que le toucher et peut-être le goût; aussi sont-ils les plus dédaignés des êtres et ne voit-on rien qui soit dans l'opinion des hommes au-dessous du ver de terre. Et pourtant tout indique que ces misérables bêtes ont facilité et hâté l'apparition des autres animaux sur le globe. C'est du moins l'opinion de Darwin. Tout le monde a remarqué en été, dans les allées des jardins, les déjections, souvent très-abondantes, que les lombrics laissent sur le sol, et qui forment un engrais excellent. Eh bien! Darwin attribue en grande partie à ces déjections la formation du terreau végétal. Il appuie son opinion sur ce fait, qu'en quinze années il a vu se former une couche de terreau épaisse de trois pouces et produite entièrement par la fiente des lombrics.

Il est donc vraisemblable que, si méprisés qu'ils soient aujourd'hui, les vers de terre ont joué un rôle important dans l'aménagement du globe. Mais ce n'est pas à ce point de vue que nous voudrions les étudier. Ce qu'il importe, en effet, de savoir, c'est le rôle que jouent actuellement ces fouilleurs. Doivent-ils être classés parmi les animaux utiles ou nuisibles? C'est une question que, pour ma part, j'ai souvent faite aux praticiens, sans que jusqu'ici j'aie pu encore entendre formuler une réponse bien précise. Les uns croient le ver de terre utile, parce qu'il rend le sol plus meuble, parce qu'il l'engraisse; d'autres le déclarent nuisible, sous prétexte qu'en creusant ses galeries souterraines, il ébranle et gâte les racines; enfin, quelques-uns hésitent et semblent, sur ce sujet, n'avoir point d'opinion.

Mais ceux dont le plus grand plaisir consiste à avoir dans leurs jardins-salons des chemins irréprochablement sablés, sont sans pitié pour les lombrics, qui toutes les nuits ramènent la terre au-dessus du sable et forcent ainsi le propriétaire à le renouveler plus souvent. Il est donc assez difficile de rendre un verdict sur le pauvre accusé. Je suis depuis longtemps, quant à moi, disposé à le croire innocent (sauf sur le chapitre du sable) de tous les délits qu'on lui impute ; je croirais même qu'il est dans le sol un travailleur utile, et je ne suis pas seul de cet avis. M. E. Robert, membre correspondant de la Société centrale d'Agriculture de France, a publié, dans les *Annales de l'agriculture française*, un excellent article sur « les feuilles tombées, » où il démontre par des faits nombreux que les feuilles fournissent chaque année au sol un engrais abondant, et, chose inattendue, c'est là, suivant lui, que le lombric trouve en agriculture son véritable emploi. Ecoutez :

« La décomposition des feuilles de n'importe quel arbre, abandonnées à elles-mêmes sur la terre, dit M. E. Robert, n'est pas aussi lente qu'on pourrait le croire, grâce à l'énorme multiplication d'un annélide bien connu : le lombric, ou ver de terre, ramène sans cesse à la surface du sol des résidus terreux dont il a exprimé très-peu de chose pour sa nourriture; car ces matières, d'apparence excrémentielle, ne sont pas autre chose que de l'humus; et comme elles sont agglutinantes à leur sortie du corps de l'animal, c'est-à-dire molles et humides, il en résulte qu'elles font adhérer entre elles les feuilles, qui sont bientôt recouvertes de terre ou comme enterrées.... »

Ce fait très-certain de l'enfouissement des feuilles par le lombric, dont chacun peut être témoin en automne, est évidemment un point capital pour l'engraissement du sol. La réalité, ici encore, l'emporte sur la poésie. Tout ce que l'on a dit en rimes harmonieuses sur la feuille que le vent promène à son gré et qui ne va qu'au hasard,

> De la tige détachée,
> Pauvre feuille desséchée, etc.

tout cela, vous le voyez, n'est vrai que pour quelques instants, grâce au lombric, qui arrête au passage, pour le rendre à la plante, cet engrais précieux que le vent lui apporte. Le vent et le ver sont sur ce point en accord parfait, et tous deux s'y montrent les très-actifs et très-sages ouvriers de Nature, laquelle ne laisse rien au hasard, quoi qu'en puissent dire les poëtes.

M. E. Robert ne s'en tient pas aux lignes qui précèdent; il sent parfaitement qu'il faut insister sur le rôle du lombric, et il ajoute en note :

« Il y aurait une étude très-intéressante à faire des lombrics, au point de vue de l'agriculture. Ainsi, relativement à l'objet qui nous occupe, nous avons remarqué que, pour maintenir l'orifice extérieur, tant soit peu évasé, des galeries, qui est toujours le même, comme dans les taupinières, ou pour l'empêcher de s'obstruer par la terre ou le sable rejeté au dehors, ce qui les obligerait à recommencer un travail pénible, les lombrics, disons-nous, entraînent des feuilles, en commençant par l'une des deux extrémités, jusqu'à une assez grande profondeur (nous avons retiré des faisceaux de pétiole de feuilles d'acacia qui avaient pénétré verticalement jusqu'à 10 centimètres de profondeur), de manière à former une espèce de tampon. Il pourrait encore très-bien se faire que les feuilles ainsi enfoncées servissent à la nourriture de l'annélide, car on voit que la partie inférieure qui remplit l'orifice est plus ou moins dépourvue de parenchyme; on n'en retire plus guère que des paquets de nervures et de filaments. Cet entraînement, qui ne peut avoir lieu qu'au moyen des soies crochues et dirigées en arrière dont chaque anneau est pourvu, est rendu bien sensible par la disparition progressive des feuilles qui recouvraient les prés et les gazons au commencement de l'hiver; elles traversent même les mousses qui tapissent le sol, et bientôt, de couchées à plat qu'elles étaient à l'origine, on n'aperçoit plus que la petite extrémité redressée au milieu des déjections du lombric. Dans tous les cas, cet enfouissement, répété à l'infini, ne laisse pas que de contribuer beaucoup à la transformation des feuilles en terreau. »

M. E. Robert est ici tout à fait dans le vrai : l'histoire naturelle, lorsqu'elle sera un peu plus livrée aux soins d'hommes pratiques, nous apprendra que nous avons sous le sol et dans l'air des armées d'amis et d'ennemis, qu'à peine nous connaissons, mais qui peuvent nous causer des avantages ou des désastres immenses.

LES PERCE-OREILLE.

Chez nous, où il n'est jamais en très-grand nombre, le perce-oreille peut être classé parmi les insectes les plus inoffensifs, malgré les choses terribles qu'ont écrites de lui des gens très-graves, tels que les auteurs des *Ephémérides d'Allemagne* (en 1672), et autres, qui depuis ont répété ces âneries épouvantables. L'histoire d'une bonne femme de Nuremberg, qui croyait avoir depuis vingt ans une nichée de perce-oreille dans la cervelle, est surtout curieuse. Je dis que la bonne femme *croyait* avoir cette nichée d'insectes dans la tête; mais l'histoire, ou, si vous voulez, la légende, affirme qu'elle l'avait certainement. Eh! vraiment oui, elle avait au cerveau quelque chose, mais ce n'était point des insectes. Les médecins allemands, s'ils eussent eu du bon sens, avaient là une belle occasion d'étudier certains phénomènes cérébraux, très-dignes d'attention (l'imagination faisant éprouver à la malade tous les effets d'un rongement d'insectes).

On avait, en ce temps-là, une peur effroyable du perce-oreille, à cause de son nom.

« On l'a nommé ainsi, disait-on, parce qu'il recherche avidement les oreilles, où il se glisse avec vitesse. »

Et là-dessus récits interminables; mais qui s'avisait d'observer l'insecte? Personne. Heureusement, de nos jours, l'étude de la nature est entrée dans des voies plus positives, et généralement (pas toujours) on regarde les choses tout au moins, et on les étudie avant d'en parler.

On a donc *vu* que les perce-oreille sont parmi les insectes du très-petit nombre de ceux qui s'élèvent au sentiment de la famille et de la maternité. Une mère perce-oreille surveille et protége ses œufs; qu'ils se trouvent un peu dispersés, elle les reprend, les réunit en un petit tas; et si quelque danger continue de les menacer, elle se place dessus, et vous diriez une petite poule. Les petits éclos, elle ne les abandonne que quand elle les voit en état de se pourvoir et de se protéger eux-mêmes.

Malgré ce fait observé par Geer, entomologiste suédois, beaucoup de détails sont encore ignorés de la vie et des habitudes de ces insectes. On n'a, je crois, que peu de détails sur leur métamorphose incomplète, et d'hier seulement on sait que, par leur multiplication, ils peuvent rendre certains pays inhabitables.

J'ai dit que chez nous, au contraire, ils peuvent être classés parmi les insectes les plus inoffensifs ; les jardiniers néanmoins les redoutent pour leurs fruits et pour leurs fleurs, particulièrement pour les œillets. Ils ont depuis fort longtemps imaginé, pour s'en débarrasser, de planter des baguettes au pied de leurs fleurs ; puis, au haut de ces baguettes, ils placent des ongles de pied de mouton ; les perce-oreille, la nuit, pour se garantir du froid et de l'humidité, viennent s'entasser dans ces nichettes, et, le matin, le jardinier les écrase ou les noie, ou mieux encore en régale ses poules.

Mais, en vérité, qu'est-ce que les dégâts de ces pauvres bestioles au prix de ceux que causent les limaces, le puceron et le papillon à l'état de chenille ?

Eh bien ! c'est cette bestiole si peu redoutable, ne pouvant ni piquer ni mordre, de façon à se faire sentir, qui va nous révéler la puissance de l'insecte. Stanley, à la recherche de Livingstone dans l'Afrique centrale, a traversé une contrée rendue inhabitable par les perce-oreille, tant ils y étaient en nombre prodigieux. Partout on les écrasait sous le pied, sous la main; de partout ils grimpaient ou tombaient; on en était couvert ; les cheveux et la barbe surtout, quoi qu'on fît, en étaient infestés. Quelque soin, quelque activité qu'on mît à s'en débarrasser, ils se renouvelaient sans cesse; dans le lit, on les retrouvait par milliers. Il n'en résultait pas même une piqûre, mais leur fourmillement, leur chatouillement, leur malpropreté par tout le corps, devenait un supplice auquel, à la fin, on eût succombé.

Du courage contre des lions, on peut en avoir, mais contre des insectes?

Du reste, dans ces régions terribles, vierges encore de toute amélioration humaine, ce que le voyageur craint, ce n'est pas de rencontrer les lions, les serpents ou les tigres; jamais les Livingstone, les Stanley, les Speke, les Burton, etc., n'ont été par la pensée d'une telle rencontre détournés de leur voie ; mais ce dont ils s'inquiètent, c'est de savoir si le territoire qu'ils vont traverser ne cache pas dans ses buissons la mouche tsé-tsé dont la piqûre tue irrémédiablement les chevaux, bien qu'elle soit pour l'homme tout à fait inoffensive. Donc, la première chose à faire sur une terre restée à l'état de nature, c'est d'en chasser l'insecte ; la besogne d'Hercule contre les gros animaux ne commencera qu'après ce premier nettoyage. Hercule, dans cette bataille, aura pour arme sa massue. Mais contre l'insecte, lorsqu'il a tout envahi, quelle arme est possible ? Une seule : le feu.

Aussi le feu n'était pas resté cher aux hommes seulement comme émanation et représentant du soleil ; on l'adorait surtout à cause que par lui la terre avait été rendue habitable. Je ne sais si les grands animaux eux-mêmes n'en vécurent pas plus à l'aise, débarrassés de la vermine qui infestait le monde.

Ne perdons pas de vue cette multiplication effroyable de perce-oreille dans un coin de l'Afrique. A qui voudrait coloniser une telle contrée, quel moyen conseiller, sinon le feu ?

Mais ai-je donné la description de l'insecte ? Je ne le crois pas ; eh ! vraiment, à quoi bon le décrire ? Le lecteur, sans doute, le connaît aussi bien que moi ; seulement je ne peux pas omettre de dire qu'en latin le perce-oreille s'appelle *forficula*, et que les savants ont fait de cet insecte la famille des *labidoures*.

Labidoure, ce mot vient, non pas de Pontoise (ce qui vaudrait bien mieux), mais de Grèce, et ça veut dire *pince-en-queue*. C'est une allusion aux deux petits crochets mobiles qui terminent le corps de l'animal. N'oubliez pas, dans tous les cas, que cette famille des *labidoures* tient à peu près le milieu entre les *coléoptères* (ailes pourvues d'étuis) et les *orthoptères* (ailes droites).

Et n'en demandez pas davantage, je ne saurais vous en dire un mot de plus.

LE CARABE.

Tout le monde a vu dans les jardins et les champs ce brillant coléoptère vert et or, long comme un hanneton, mais de corps plus étroit, plus élancé, plus agile, solidement vêtu, élégamment chaussé, ardent, alerte, rapide ; il a l'air que devraient avoir les employés du télégraphe, je veux dire l'air pressé.

Où s'en va-t-il au pas de course à travers les chemins? Il s'en va où jadis s'en allait Nemrod, grand chasseur devant Dieu ; il s'en va où s'en allait Hercule avec sa massue, détruire les monstres nuisibles; mais les monstres, ici, ne sont ni l'hydre de Lerne, ni le sanglier d'Erymanthe; ce sont les mans, chenilles et autres bestioles destructives de toute culture. Aussi le peuple a-t-il donné à ce bel insecte le nom de *jardinière*. On le désigne dans les livres sous le nom de carabe doré, et il y a sa place parmi les *coléoptères pentamérés*. On appelle ainsi les coléoptères pourvus de cinq articles à tous les tarses. Il y a dans ce sous-ordre cinq familles : les *gracilicornes*, les *monilicornes*, les *serricornes*, les *clavicornes* et les *lamellicornes*.

Le carabe appartient à la famille des *gracilicornes* ; il n'a point d'ailes, et, par conséquent, ne peut voler; mais quel coureur!

Il serait, après la cétoine, le plus beau de nos coléoptères; mais il laisse aux doigts qui osent le toucher une odeur si nauséabonde, qu'on ne peut l'admirer. Il ne s'en tient pas à l'odeur, il distille à ses deux extrémités un liquide vénéneux qui ne tue pas, mais qui cause de très-vives douleurs. La vieille médecine, à cause de cela, le faisait entrer dans toutes sortes d'onguents; sa grande vertu se manifestait contre l'odontalgic (*odontalgie*, ne vous effrayez pas, cela veut dire mal aux dents). Au Sénégal, un certain carabe, appelé *saponaire*, est employé à faire du savon, et pour cela on le mêle à l'huile de coco. Aujourd'hui, Ratzeburg, dans son grand ouvrage sur les insectes nuisibles ou utiles aux forêts, ne lui trouve plus qu'un seul genre d'utilité : celui de détruire toutes sortes de larves et de mauvaises bestioles. C'est pour cela que les jardiniers instruits le laissent courir librement dans leurs parterres.

Les carabes chassent même en plein jour, mais habituellement ils préfèrent la nuit pour leurs expéditions. Dans le jour, ils se tiennent le plus souvent cachés sous des pierres. Mais cette inaction diurne n'est pas pour eux une loi absolue, car ils y font des infractions fréquentes. Seulement, ils ne se montrent guère devant l'homme ; ils en ont peur, et non sans cause, car souvent encore on les tue.

Les enfants, surtout, sont pour eux sans pitié. D'ailleurs, ils brillent tellement au soleil, que les oiseaux mangeurs d'insectes ne manqueraient pas de les apercevoir. Sans ce danger, je crois qu'ils aimeraient à chasser même pendant le jour, et j'ai vu souvent qu'en plein midi ils s'en tirent très-bien. Il faut voir comme, après une petite pluie, ils se ruent sur mesdemoiselles les limaces.

Horticulteurs, mes amis, laissez donc vivre et courir à leur gré ces jolis insectes. Gardez-vous seulement d'y toucher. Toutes les ouvertures du carabe sont une distillerie empestée. C'est contre l'oiseau sa seule défense; mais s'il évite ainsi d'être mangé, il n'évite pas toujours d'être tué.

LE GRILLON.

> Criquet, criquet, criqueton,
> Le feu est à ta maison.

Ah ! la jolie chanson, lorsqu'on la chante de huit à dix ans, couché sur l'herbe, guettant d'un œil attentif et passionné la *maison du criquet.*

Dans les campagnes de Normandie, on a donné le nom de criquet au grillon des champs et même au grillon domestique.

Sur les coteaux exposés au midi, vous avez entendu en mai, juin, juillet, août et septembre, le concert des grillons ou criquets. Ces concerts rustiques sont la joie du petit paysan. Quel triomphe s'il peut saisir, au bord de son trou, le brillant musicien ! Pour l'en faire sortir, il lui chantera cent fois, s'il le faut :

Criquet, criquet, criqueton,
Le feu est à la maison.

Il enfoncera des herbettes dans la *maison*, et il fera tant, qu'à la fin l'insecte, effrayé, se précipitera dehors. Les enfants, à la campagne, savent très bien faire des cages à insectes, et voilà le pauvre grillon prisonnier.

Criquet, criquet, criqueton.....

Les grillons, chez nous, sont en été le charme de la campagne, comme les cigales dans les contrées plus

Le grillon.

méridionales. Vous connaissez le mot heureux de Virgile : *Resonant arbusta cicadis* (les vergers retentissent de cigales). On pourrait dire chez nous que l'herbe retentit de grillons.

Les insectes, vous le savez, n'ont pas leur voix dans la gorge; il est même plus exact de dire qu'ils n'ont pas de voix. Cymbales, tambours, lyres, harpes ou guitares sont leurs seuls instruments d'orchestration. Mais quelle puissance de sonorité! Les hommes n'ont imaginé rien encore de comparable. Tambours et cymbales à peine perceptibles à l'œil, et qu'on entend même de très-loin.

Chez les grillons, aussi bien que chez les cigales, le mâle seul possède l'appareil musical, et l'on n'en joue que pour appeler et charmer les femelles ou pour chanter victoire, quand un mâle a triomphé d'un autre, car il n'y a pas d'animal plus batailleur que le grillon; le coq pourrait à peine lui être comparé. Mais le coq ne chante qu'après la victoire; les grillons chantent en combattant, et tous les autres mâles qui, du bord de leur trou, assistent à la lutte, ne cessent d'animer les champions du son de leurs instruments.

Le triomphateur, après la victoire, rentre dans son palais, d'où il fait entendre une symphonie héroïque.

Ne perdez pas de vue ce palais rustique.... Voici que mystérieusement un autre grillon s'en approche; il y entre.... C'est la femelle qui vient visiter et féliciter le vainqueur. La visite avait été prévue. Il y a dans le palais du mâle place pour deux; le logis de la femelle n'a de place que pour elle seule. Elle sait que le mâle jamais ne se dérangera.

Le grillon champêtre, aussi bien que le grillon domestique, est le plus innocent des êtres : pour l'un quelques brins d'herbe, parfois une fourmi égarée, pour l'autre les miettes du foyer, voilà de quoi se compose l'ordinaire de cet harmonieux ermite.

Cette innocence, cette sobriété n'ont pas empêché que l'Allemand Carl Vogt, dans son livre sur *les Animaux utiles et nuisibles*, n'ait placé le grillon parmi les derniers, et pourquoi cela?

— Parce qu'il fait du bruit. Parce qu'il est artiste.

Mais alors que ferez-vous de Beethoven et de Mozart?

Vous entendez donc, en Allemagne, sans un épanouissement de bonheur, le chant du grillon dans la plaine?

Et le grillon du foyer ne vous a donc jamais attendris?

En France, il n'est pas un village où les enfants n'aient quelques chansons pour l'insecte, chants informes et naïfs, mais où se remarquent l'allégresse et l'émotion.

Béranger a composé sur le grillon du foyer une de ses plus originales et plus gracieuses chansons :

Au coin de l'âtre où je tisonne

. . . .

L'ancienne médecine avait imaginé que les grillons mis en poudre étaient un excellent remède contre la surdité. C'est qu'en effet, les oreilles les plus fermées se rouvriraient pour entendre le grillon des champs et le grillon du foyer.

LES DYTIQUES.

Je ne sais, lecteur, si dans votre enfance il vous est arrivé jamais de passer de délicieuses et instructives heures, seul, dans la campagne, au bord de quelque ruisseau limpide. Pour moi, cela m'est arrivé cent fois, et j'en garde les plus ineffaçables souvenirs. Je composerais des volumes des observations que j'y ai faites sur les végétaux, sur les animaux de toutes sortes qui peuplent et qui égaient les eaux de sources. La vie semble dans ce milieu plus féconde, plus active, plus facile, plus variée qu'ailleurs.

Parmi les bestioles que je me plaisais à pêcher, aucune jamais ne me causa plus de surprise que le dytique, un superbe coléoptère, aussi large, aussi long que le hanneton, mais de forme plus aplatie, avec des pattes disposées en nageoires. Je l'avais vu dans l'eau nager, plonger, chercher sa pitance avec une prestesse, une adresse, une grâce qui me ravissaient. Mais, retiré de l'eau, il courait sur le sol comme un scarabée, et puis tout à coup ouvrant ses élytres et ses ailes, il s'envolait, rapide et léger comme la cétoine.

Oh! sans la pensée que ma mère ne m'eût pas reconnu, comme j'aurais voulu pouvoir me changer en dytique! Voler, nager, courir, vivre dans l'air, dans l'eau, dans l'herbe, quelle existence enchantée!

La première fois que je pêchai et vis au sortir de l'eau s'envoler le merveilleux insecte, je ne savais pas son nom; mais vous devinez bien que je ne tardai pas, les livres aidant, d'apprendre ce que j'ignorais. Je lus l'histoire du Dytique et je ne tardai pas d'en vérifier moi-même les détails. Mais combien tous les livres d'histoire naturelle me paraissaient froids, secs et arides, au prix de la réalité!

Comme tous les coléoptères, celui-ci passe la première partie de son existence à l'état de vers ou de larves. Elles vivent dans l'eau et elles y nagent avec une vigueur, avec une facilité des plus rares. Vous ne retrouveriez chez aucune larve cette vivacité. Eh bien! quelque carnassier, amateur de proie vivante, vient-il à la saisir, la voilà subitement avec tous les caractères de la mort et de la putréfaction. L'agresseur dégoûté la rejette, et tout de suite elle reprend vie et gaîté.

Chez l'insecte parfait, la même ruse reparaît, mais exercée d'une autre manière, le dur coléoptère ne pouvant plus s'amollir; mais à peine est-il saisi par son ennemi, que de tous les pores suinte un fluide infect et nauséabond. « L'animal le plus affamé, dit M. Pouchet, n'y résisterait pas. »

A l'état d'insecte parfait, les dytiques passent habituellement le jour à festiner dans l'eau, et puis, la nuit, ils vont, mâles et femelles, se réunir dans l'air.

Aussi, malgré sa couleur un peu sombre, l'insecte a-t-il dans ses allures je ne sais quoi de gai qu'on ne retrouve chez aucun autre coléoptère.

Être partout à l'aise et chez soi, dans l'air avec les oiseaux, dans l'eau des rivières avec les poissons, sur le sol avec les coccinelles, quelle plénitude d'existence, quelle multiplicité de sensations!

Les dytiques me paraissaient si heureux, que leur vue seule, égayant mon enfance, m'emplissait d'allégresse et d'espoir et me mettait au cœur plus de confiance en la vie.

LA CICINDÈLE.

Oh! la jolie bébête! c'est le cri de tous les enfants lorsque, pour la première fois, au jardin ou dans la campagne, ils voient passer à toutes jambes, avec une vitesse sans égale, le bel insecte vert que tous nous avons admiré. Il n'y a pas dans toute la nature un coureur comparable, sa marche est rapide comme le vol. A peine a-t-on le temps de distinguer ses formes gracieuses et légères, l'éclat de son coloris.

Mais qu'a-t-il à tant se presser?

Il travaille, il accomplit sa tâche, il court à l'ennemi, et son ennemi, c'est la bestiole malfaisante sur laquelle il s'élance et qu'il combat avec le courage des lions, ne

6

calculant jamais la force de cet ennemi, mais comptant sur sa propre vaillance, sur sa prestesse; si l'ennemi poursuivi s'envole, lui aussi, de son aile rapide comme la foudre, il s'élancera dans l'air après sa proie, qui n'échappera pas.

Tout cela s'exécute avec une si prodigieuse rapidité, que l'œil, bien rarement, peut suivre ces combats et ces triomphes.

Ce chasseur intrépide est si élégant, que son nom même indique la grâce; c'est un nom féminin (un nom de *bébête*), la *cicindèle*.

« De tous les insectes coléoptères, dit Valmont de Bomare, la cicindèle est le plus beau.... Tout son corps est de couleur d'or; le dessus des étuis des ailes de couleur verte, ponctuée de blanc.... »

Vous connaissez le vers :

> Même quand l'oiseau marche, on sent qu'il a des ailes.

Que peut-on dire de la cicindèle? Les mots *marcher* et *courir* lui sont-ils même applicables? Il faudrait, pour exprimer son procédé de locomotion, un verbe nouveau dans les langues humaines; il faudrait que le superlatif se pût appliquer au verbe courir.

A l'état de larve, la cicindèle est douée déjà d'une activité qui confond.

Ses larves se creusent dans la terre un trou cylindrique profond de trente à trente-cinq centimètres; pour nous, le plus profond des puits n'est rien en comparaison d'un pareil forage pour un si petit insecte. Vous représentez-vous le nombre de montées et de descentes pour vider ce trou, pour en extraire brin à brin la terre et la porter en dehors ? Mais ce qui est admirable, c'est précisément le procédé d'extraction. L'insecte a le dessus de la tête non pas seulement aplati, mais concave, de telle sorte que la bestiole intelligente et agile s'en sert comme d'une corbeille. Mais combien de fois cette corbeille doit-elle être remplie et vidée? Que d'efforts, quelle énergie !

J'ai entendu articuler cette sentence : « Ne rien admirer. » Mais, pour ne pas admirer avec l'enfant certaines *bébêtes*, il faut être tombé dans un état intellectuel et moral difficile à caractériser.

Que se propose, en se livrant à de tels travaux, la larve de la cicindèle ?

Le voici.

Quand le puits, quand l'abîme aura atteint toute sa profondeur, la larve se tiendra à l'entrée du pertuis, de manière à ce que sa tête, rasant le sol, serve de clôture ou de trappe à cette caverne, et toute bestiole qui passera ou dessus ou auprès sera sans miséricorde saisie, et, cela fait, la larve chasseresse, se repliant par un rapide mouvement de bascule, emportera sa proie au fond de sa caverne, où toute fuite et tout secours sont impossibles. La proie sera peut-être même une cicindèle ; mais la faim, la voracité n'ont d'entrailles que pour engloutir. La sœur sera mangée.

Voilà le spectacle qu'offre aux enfants une simple bestiole. N'est-ce pas la vraie préparation aux grandeurs et aux terreurs que plus tard lui réserve l'histoire?

COCCINELLES, CRIOCÈRES ET CÉTOINES.

Au printemps, les enfants chantent :

> Catherinette du vert bois,
> Dites-nous quelle heure il est.

Les *catherinettes*, ce sont les coccinelles ou bêtes à bon Dieu. Nul insecte n'a reçu tant de noms; on les appelle, suivant les contrées : Vacote, Scarabée-tortue, Cheval-de-la-Vierge, Oiseau-Dame. D'autre part, il ne faut pas demander grand'chose aux naturalistes sur cette petite bête ; quand ils vous auront dit qu'elle appartient aux sous-ordres des *coléoptères trimérés*, famille des *aphidiphages*, qu'elle a le corps hémisphérique, les antennes *claviformes*, etc., il ne vous restera pas grand'-chose à apprendre d'eux, sinon que la coccinelle, à l'état de larve, fait une chasse active aux pucerons;

ils vous diront encore qu'il y a des coccinelles jaunes, rouges, noires, etc. Ces jolis insectes sont ordinairement marqués de points noirs, dont le nombre sert à désigner les différentes variétés de ces bestioles ; on eût pu dire : *coccinelle à deux taches*, *à trois taches*, etc. ; mais ne proposez pas aux savants de parler français ; vous serez à leurs yeux hérétique, si vous ne dites pas : *coccinella bipunctata*, *tripunctata*, etc. Ce qui est singulier, c'est que les *bêtes à bon Dieu* se rencontrent par toute la terre.

Ces jolis insectes, si chers aux enfants, sont de ceux qui, s'ils parviennent à trouver quelque chaude cachette, réussissent à passer l'hiver ; aussi, même en mars, même en février, dès que le soleil brille, les voit-on reparaître. Elles sont un peu cousines des perce-oreille, puisqu'elles appartiennent, comme lui, à la branche des *coléoptères trimérés*.

On voit aussi au printemps reparaître, particulièrement sur les lis, le criocère rouge, autre coléoptère très-cher aux enfants ; mais celui-ci est un *tétraméré :* cela veut dire que les tarses, chez ces insectes, sont formés de quatre parties ; il n'y en a que trois chez les *trimérés*.

Ce qui chez le criocère charme les enfants, c'est que

ce bel insecte joue de la musique. Enfermez-le dans votre main, et l'approchez de votre oreille, vous entendrez parfaitement la petite trompette. Celui-là doit donc être rangé parmi les insectes chanteurs. Car, remarquez-le bien, la musique a ses représentants parmi toutes les classes du règne animal. On a même, à ce qu'il paraît, dans ces derniers temps, trouvé des poissons pourvus d'instruments sonores. Des voyageurs ont pu quelquefois, au milieu des flots, entendre leurs chansons. De là, sans doute, la croyance au chant des syrènes.

Revenons au criocère, cet ami des enfants et cet ennemi des lis, qu'il empeste de sa larve lorsqu'il les envahit et qu'il fait quelquefois périr. Nulle larve, en effet, plus vorace et plus dégoûtante. Vous pouvez la voir, sur la plante royale, se promener enveloppée de ses déjections, dont elle se fait un manteau ignoble. C'est pourtant de cette larve puante que sortira le brillant, luisant, sémillant, étincelant artiste.... De vidangeur il deviendra ténor. Et quelle grâce maintenant dans toute sa personne ! quel éclat de couleur, quelle légèreté de vol ! quels heureux dons artistiques et quelles notes finement filées !

Les enfants ont un autre ami encore parmi les insectes, et cela toujours chez les coléoptères ; mais celui-ci est certainement de tous le plus magnifique et le plus séduisant. Les régions tropicales ne peuvent qu'à peine nous produire un être plus brillant ; l'éclat et les feux du colibri sont ici réunis. Vous devinez bien qu'il s'agit de la cétoine. L'avez-vous vue endormie, sur la corolle épanouie des roses? Elle choisit pour s'y poser la plus belle des fleurs et l'embellit encore. Surtout l'avez-vous vue sur une rose blanche ? Le peuple croit que la rose blanche est sa fleur préférée. Je ne sais s'il en est ainsi, mais c'est bien là, du moins, qu'elle a toute sa beauté. Aussi ne paraît-elle qu'aux plus beaux jours de l'année, en juin, alors que le soleil peut la mettre dans toute sa splendeur. D'autres insectes, sinon en France, du moins en d'autres contrées, ont un aussi brillant manteau ; mais, chez la cétoine, ce n'est pas seulement le manteau, ce ne sont pas seulement les élytres ; c'est tout le costume, qui est d'émeraude, de rubis, de topaze et de feu. Beaucoup d'autres insectes, resplendissants en dessus, ne sont plus rien en dessous ; le dessous de la cétoine égale en richesse le dessus, s'il ne le dépasse.

Vous voyez que les enfants, dans leur choix, ont eu très-bon goût : catherines, criocères et cétoines sont bien réellement nos plus jolis coléoptères.

Eh bien! misère de la cétoine, sa larve est aussi hideuse que celle du hanneton et tout aussi nuisible, et beaucoup de gens les confondent. Je dis que la larve de la cétoine est aussi nuisible que celle du hanneton : il y faut mettre cette différence pourtant, que le ver de la cétoine n'existe qu'en très-petit nombre, tandis que le ver du hanneton s'entasse par millions dans les racines de nos végétaux.

Donc, en agriculture, les trois insectes si chers aux enfants n'ont qu'un rôle fort peu appréciable. On a pourtant classé la coccinelle parmi les insectes *utiles*, à cause de sa chasse aux pucerons. Quant aux criocères, les jardiniers, amis des lis, les redoutent et leur font la chasse; mais les cétoines, elles, sont si jolies, si peu nombreuses, et leurs larves, par conséquent, si peu nuisibles, qu'il faut, au nom de la beauté, les épargner. Elles rendent, d'ailleurs, les enfants si heureux ! et puis il ne faut pas avoir seulement le culte de l'utile. Grâce pour les cétoines !

LE VER LUISANT.

Voici une bestiole charmante et mystérieuse entre toutes, qui fait dans nos campagnes l'étonnement et l'admiration de tous les enfants. Je ne pouvais, quant à moi, l'apercevoir autrefois sans pousser des cris de joie, et que de questions se présentaient à mon esprit devant cette bestiole; pourtant, je ne connaissais alors qu'une seule des singularités de son existence, je ne connaissais de ses particularités que sa phosphorescence. Je viens d'employer comme tant d'autres, bien à tort sans doute, le mot *phosphorescence;* car il semble qu'il y ait là bien plutôt un phénomène électrique.

Mais les expériences faites jusqu'ici n'ont pas encore permis de décider la question. Ce qui est bien certain, c'est que cette faculté de devenir lumineux vers son extrémité postérieure est pour l'insecte tout à fait facultative; il brille et s'éteint à volonté.

Je ne lui connaissais dans mon enfance (et nos paysans pour la plupart n'en savent pas davantage), je ne lui connaissais que ce don de briller ; j'avais bien souvent recueilli sous l'herbe le petit ver, et j'apportais dans le jardin paternel tous ceux que je voyais briller le soir dans la campagne, si bien que notre jardin en était tout constellé.

Mais j'étais bien loin alors de soupçonner que le ver luisant n'est que la femelle d'un petit coléoptère nocturne, et que ces lueurs sont ici très-exactement produites par les feux de l'amour.

J'ai appris depuis que, dans les contrées plus méridionales, les lampyres ou lucioles mâles brillent comme les femelles, et qu'on les voit, dans les nuits d'été, traverser partout le ciel, en décrivant à l'infini des lignes et des courbes lumineuses, dont l'effet est des plus extraordinaires.

Mais revenons à notre petit ver indigène dont la lumière donne à nos gazons, la nuit, un charme si touchant. Je ne suis pas bien sûr qu'il soit possible au promeneur qui traverse seul la campagne par une nuit obscure, d'apercevoir dans l'herbe la luciole sans un peu d'émotion.

Comment se fait-il que les poëtes aient tiré si peu de parti de l'humble et brillant insecte ?

Comment est-il arrivé que la Fontaine lui-même, qui semble avoir tout vu de nos campagnes, n'ait rien dit de la luciole? Nulle part on ne la voit briller dans son livre.

Béranger seul a emprunté à l'insecte une jolie image dans le *Chant funèbre* sur la mort de son ami Quesnecourt :

> Au peu d'éclat dont je brille à présent
> Ah! qu'il ait part, et puisse à ma lumière,
> Comme au flambeau que porte un ver luisant,
> Longtemps son nom se lire sur la pierre.

Nulle bête n'a fait moins parler d'elle, et l'on peut dire pourtant en toute assurance qu'il n'en est pas qui, dans nos climats, ait plus agréablement, plus doucement impressionné les âmes.

Comment se fait-il aussi que, de tant de traités et de livres sur les bêtes utiles et nuisibles, un si petit nombre ait mentionné la luciole? Elle avait droit pourtant de figurer parmi les insectes utiles, car les hélices ou limaçons à coquilles n'ont pas d'ennemi plus redoutable.

Ainsi, dans mon enfance, en éclairant de lucioles le jardin de mon père, je faisais œuvre utile sans le savoir. J'ai dit tout à l'heure, ce que tant d'autres ont dit avant moi, que les feux de l'amour donnaient à l'insecte sa lumière; on a toutefois constaté que la luciole brille déjà, même à l'état de larve, c'est-à-dire quand elle n'a pas encore de sexe; il est vrai que sa lueur est très-faible alors; on prétend même que ses œufs sont aussi légèrement lumineux. Il n'en est pas moins vrai que les mâles sont dirigés vers leurs femelles par le petit fanal.

Aussi, plus j'y réfléchis et moins je comprends que les poëtes soient restés si longtemps muets sur l'insecte lumineux. Michelet à peine le mentionne. Les naturalistes eux-mêmes ne le décrivent qu'à grand'peine.

Mais de tous ces oublis, celui des poëtes est le plus inexplicable.

LE STAPHYLIN.

Le staphylin est un gros insecte noir, de forme allongée, que l'on voit courir dans les endroits suspects. Sa tournure est des plus singulières, et je ne sais pourquoi l'on ne peut regarder sans rire ce sombre personnage, vrai Falstaff des coléoptères.

D'abord, il a tout à fait l'air d'un coléoptère amateur, n'ayant que des élytres écourtés qu'il porte sur l'une et l'autre épaule, comme deux capes espagnoles. On ne lui voit point d'ailes, ce qui n'empêche pas qu'il n'en ait de fort jolies et de fort amples, très-savamment repliées sous ces petits élytres. Malgré le triple repliement de ses ailes, il sait prendre instantanément son vol.

Le staphylin n'est pas seulement un excellent voilier, c'est encore un hardi et infatigable coureur ; mais, chose incroyable, s'il est saisi d'inquiétude et d'effroi, s'il se voit ou se croit attaqué, au lieu de prendre vol, le voilà qui se met en garde. C'est là qu'il faut le voir, si l'on veut se donner un peu de bon temps. Pensez-vous qu'il regarde en face son adversaire? Oh! que non pas! il vous tourne le dos ; mais, de la partie postérieure de son corps et de tout son abdomen qu'il élève en l'air avec mille contorsions comiques, on dirait qu'il veut vous effrayer. Jamais il n'y eut pareilles grimaces ; l'extraordinaire chez ce bizarre personnage, c'est qu'au lieu de faire ses grimaces avec le visage, comme se doit faire toute grimace honnête, il les fait de toute autre manière.

Mais ce n'est pas tout; si vous l'excitez, si vous l'exaspérez, si vous le mettez à bout, vous voyez tout à coup de son extrémité postérieure sortir deux appendices charnus qu'aisément vous pourriez prendre pour deux petits revolvers. Vous vous tromperiez, ces objets singuliers sont deux flacons.... Ne perdez pas l'insecte de vue, approchez sans crainte et soyez attentif; il va se passer quelque chose de réellement surprenant; mais votre surprise sera plus grande encore si d'avance vous savez quelle est la nourriture ordinaire de l'insecte, c'est-à-dire sa matière première; cette nourriture dans laquelle il se vautre est telle, que je m'abstiens de l'indiquer. Eh bien! les deux flacons du staphylin vont s'ouvrir, et il s'en échappera à l'instant même un parfum dont vous serez ravi; c'est l'odeur bienfaisante de l'éther sulfurique, mais délicieusement aromatisée. Nul parfumeur n'a encore égalé le *staphylin odorant;* et de quoi compose-t-il sa pommade, ô mon Dieu! C'est un miracle de chimie!

Mais à quelle fin l'ingénieux insecte distille-t-il autour de lui une si suave senteur? Voilà ce que personne encore n'a pu découvrir. N'est-il pas vraisemblable que cette émanation éloigne ou tue quelque ennemi redoutable?

J'appelle l'attention des jeunes entomologistes sur le staphylin et les engage à chercher quelle peut être l'intention de cette bestiole en parfumant ainsi ses ennemis.

L'insecte doit-il être classé parmi les animaux utiles ou nuisibles? Je ne sais; mais sûrement on peut le ranger parmi les bêtes amusantes.

Il y a plusieurs variétés de ces bestioles, et toutes n'ont pas l'appareil aux parfums; mais c'est du staphylin odorant que j'ai voulu parler; et c'est aussi celui que l'on rencontre partout dans les coins un peu solitaires.

Pour moi, si j'étais parfumeur, je ferais peindre sur mon enseigne un de ces merveilleux insectes débouchant ses flacons, avec ces simples mots :

AU STAPHYLIN.

Cela dit tout, et c'est exactement comme si l'on mettait :

Au Créateur de la Parfumerie.

LES LIBELLULES.

Les bords de la petite rivière l'Amblette, près de laquelle j'habite, ont des coins délicieux de fraîcheur.

J'étais, pendant les dernières chaleurs, dans un de ces coins, à regarder les *demoiselles*.... Brillantes, rapides, diaphanes, elles passaient, repassaient. Vous connaissez ces jolis insectes : leurs ailes, à peine visibles, ont une beauté merveilleuse et féerique qui étonne. En ces brillantes mouches est l'idéal du vol, de la danse, de la pirouette, de tous les mouvements et de toutes les immobilités gracieuses, séduisantes et hallucinatrices de la chorégraphie. Terpsichore dut apprendre son art chez les libellules. Fixes et suspendues au milieu de l'air, elles montent, descendent, s'arrêtent, avancent, reculent, sans se détourner, puis disparaissent obliquement, en cercle ou en zigzag, d'un vol si étourdissant, qu'on n'en saurait saisir la direction.

Quelle est leur couleur? On ne le sait pas bien, tant cette couleur change, miroite et varie. L'insaisissable insecte a-t-il même une couleur? a-t-il un corps?...

Libellule et sauterelle.

Les libellules seront l'éternel étonnement, l'éternel désir des enfants.

Ce nom de libellules leur est venu de leurs ailes toujours ouvertes comme un livre ou libelle. Mais quel libelle enchanteur!

La vie, en ces bestioles de gaze, d'azur et de feu, se manifeste avec une intensité terrible; ce sont des chasseurs d'une adresse, d'une souplesse, d'une avidité, d'une âpreté sans exemple. Ils ont pour se ruer sur leur proie tous les mouvements de chute, d'ascension verticale, de recul, de brusque détour, et, avec cela, *douze mille-z-yeux* pour tout voir autour d'eux. Leur mâchoire est un appareil prodigieux. « C'est, dit Jonathan Franklin, un des instruments les plus remarquables de la création, et il n'existe rien de semblable dans le monde des insectes. »

Il est vrai que Jonathan Franklin applique cette description à la larve de la libellule; mais la mâchoire ne se modifie guère dans l'insecte parfait : machine à tuer, à percer, à rompre, couper, briser, broyer, dévorer. Les Anglais n'ont vu de ce brillant insecte, en leur qualité d'Anglais, que ses facultés dévorantes et l'ont appelé *mouche dragon*. En France, on a vu sa beauté, sa grâce, son inexprimable charme : on l'a appelé *demoiselle*.

Ce qu'on sait des serpents et de certains oiseaux rapaces qui du regard fascinent leurs victimes, vous le retrouvez chez la libellule. Les ailes étendues, immobile au milieu de l'air, elle affole et terrifie de ses douze mille regards flamboyants quelque pauvre moucheron. Ce qu'elle détruit ainsi de petits insectes est, dit-on, prodigieux. Les cousins, les mouches, même les papillons, sont sa plus habituelle nourriture. Les papillons surtout sont par la libellule anéantis comme par la foudre ; avec une prestesse inimaginable l'insecte est englouti, et vous voyez voler au vent ses ailes dispersées.

Et voilà pourquoi la libellule a été classée parmi les insectes utiles.

Pour moi, je l'avoue, en observant ce spectacle, j'eus l'âme consternée, malgré les délices du lieu où je m'étais placé, malgré la fraîcheur, la transparence et les doux murmures de l'Amblette, malgré les chansons innocentes et gaies que faisaient entendre les oiseaux et les grillons.

MOUCHERONS ET VERMISSEAUX.

Quoique les plus petits animaux puissent être ou très-redoutables ou très-secourables, nous ne parlerons que de quelques-uns; mais combien d'autres seraient à signaler dans cet *infini vivant* des insectes, comme dit si bien Michelet. Plus ils sont petits, plus il semble que la nature ait accumulé en eux de puissance. Le monde est à la merci des invisibles; il y a quelques années, un helminthe microscopique (la trichine) causa plus de ravages en Allemagne et en Suède que n'en pourrait faire une troupe de loups et de chacals. L'existence dans un pays d'un seul animal trichiné suffit pour y causer à des populations entières unc mort effroyable. Mais je n'ai pas à traiter ici cette question des helminthes, une des plus ardues de la physiologie; je veux m'en tenir aux animaux visibles à l'œil nu. Même parmi ceux-là nous trouverons encore que les plus petits sont les plus à craindre : les pucerons, le charançon, la pirale, voilà ceux surtout contre lesquels les cultivateurs et vignerons doivent se mettre en garde. C'est par millions que s'estiment chaque année leurs dégâts. On a fait sur ces insectes et sur bien d'autres un nombre incalculable de volumes, de brochures, de dissertations; et, avec tout cela, on ne connaît, on ne pratique surtout que bien imparfaitement les moyens de les éviter. De tous ces moyens, le meilleur et le plus simple eût été certainement de respecter les oiseaux, mais c'est celui-là qu'on ne veut pas entendre. D'où nous pouvons conclure que le plus terrible ennemi du cultivateur est le cultivateur lui-même, lorsqu'il fait la chasse aux oiseaux, ou lorsqu'il tue les hérissons, les crapauds et les taupes.

Il y a dans nos mœurs, au village comme à la ville, des renversements de raison qui étonnent. Ainsi, parmi les insectes, il en est dont l'utilité est incontestable ; ce sont eux que l'on détruit. Les carabes, infatigables surveillants de nos jardins, sont écrasés du pied dès qu'on les aperçoit : la beauté, l'élégance, la prestesse de quelques-uns d'entre eux ne sauraient les défendre. L'homme a juré leur perte et la sienne.

Entrez chez nos paysans, vous y trouverez suspendus en guirlande les œufs des oiseaux dénichés au printemps.

La nécessité d'épargner les oiseaux nous a été démontrée et redémontrée de toutes les manières; nous n'avons pas été instruits seulement par des faits, les écrivains les plus illustres et les plus autorisés ont insisté sur ce point. Il semblerait qu'après Toussenel et Michelet, il n'y ait plus à y revenir. Hélas! il y faudra revenir peut-être pendant des siècles. Il est des vérités qui, répétées incessamment depuis Aristote, ne sont encore entrées que dans trois ou quatre cervelles.

Prenons donc quelques-uns de nos maux en patience.

D'ailleurs, parmi tant de bestioles (insectes ou autres) qui nous envahissent, il y en a des milliers d'espèces dont on ne saurait dire s'ils sont utiles ou nuisibles. Et puis, tel insecte nuisible à certaine culture ne l'est pas à telle autre, ou bien celui que nous savons nuisible à l'état de larve change de rôle à l'état parfait. Leur procès est donc à la plupart bien difficile à instruire.

Qui le croirait? même parmi les oiseaux, et parmi les oiseaux les plus répandus, plusieurs sont encore à juger. Le moineau, par exemple, qui vit sous nos yeux, qui est presque notre commensal, attend toujours son verdict ; les plus consciencieux appréciateurs ne savent que penser de lui. Les faits sont bien connus pourtant. On sait que les dégâts qu'il cause s'élèvent chez nous, chaque année, à 30 millions de francs ; mais on hésite à le déclarer nuisible, parce qu'on sait aussi combien est grand le nombre des chenilles qu'il dévore. Les moineaux ont même été dans ces derniers temps très-habilement et très-éloquemment défendus. Cette perte de 30 millions de francs qui effraie ne forme pour chacun d'eux, a-t-on dit, qu'une dépense annuelle de 1 fr. ; nous en avons en France 30 millions (à peu près chacun le nôtre), et c'est un bien petit traitement que 1 fr. par an pour de si intrépides travailleurs. Chaque Français doit donc payer sans murmure ce léger impôt de 1 fr. pour l'entretien de son moineau protecteur.

Revenons à nos bestioles, moins cependant pour constater ce que l'on sait (ou ce qu'on croit savoir) que pour indiquer une partie de ce qu'on ne sait pas, car il ne faut point oublier cette sage parole d'Arago : « Signaler des lacunes est encore plus utile qu'enregistrer des découvertes. »

On a fait des catalogues et des expositions d'insectes utiles et nuisibles ; loin de nous l'idée de nous en plaindre! Mais ces catalogues et ces expositions, dans l'état actuel de nos connaissances, ne pouvaient être organisés qu'avec toutes sortes d'incertitudes. Combien de ces insectes, mieux observés, passeront d'un tableau dans un autre! Le plus répandu autour de nous et jusque dans nos maisons est certainement la fourmi. Eh bien! après les admirables observations d'Huber et de ses successeurs, on n'a pas encore décidé si les services qu'elle nous rend nous indemnisent, oui ou non, des dégâts qu'elle cause. Telle autre bestiole certainement nuisible à cette heure pourrait être changée en une bête très-précieuse. Nous prendrons notre exemple cette fois dans les régions aquatiques. On connaît la crevette des ruisseaux, qui se trouve dans presque toutes les eaux courantes en quantités innombrables; les pisciculteurs n'ont pas de plus redoutable ennemi. Lorsque les poissons nouvellement éclos sont encore retenus immobiles sur le gravier par l'énorme vésicule ombilicale qui doit les alimenter durant le premier mois de leur existence, ils sont en nombre considérable dévorés par ces crevettes; mais en les parquant durant les trois premiers mois dans des ruisseaux bien expurgés, vous les sauverez tous, et plus tard ces mêmes crevettes, qui les eussent dévorés, deviendront pour eux une nourriture excellente et inépuisable. Les crevettes dans les réservoirs à truites deviendront ainsi une véritable richesse.

Le plus petit des insectes visibles est probablement le puceron; c'est aussi un de ceux qui font le plus de mal à l'agriculture. Presque chaque végétal a le sien, et souvent en est dévoré. On n'emploie pour les détruire que des moyens qui semblent vraiment insuffisants, lorsqu'on songe que ce sont surtout les arbres qui en sont atteints. Il est évident que leurs vrais destructeurs se trouveraient parmi les insectes eux-mêmes. Ainsi les coccinelles sont en cela d'utiles auxiliaires pour le cultivateur. Certains petits vers très-friands de racines sont pourchassés et détruits par le grillon, ce joyeux musicien de nos coteaux. Les eaux sont par le dytique purgées de milliers de vers destructeurs du frai.

Lorsqu'on songe aux innombrables espèces d'insectes qui nous entourent, il semble difficile que l'on arrive jamais à les connaître toutes; mais si seulement chaque instituteur se mettait à étudier un seul de ces insectes, comme ont fait Lyonnet et la dynastie des Huber, cela ferait en France près de 40,000 observateurs. Que serait-ce si, dans chacune de nos communes rurales, il se trouvait encore un autre observateur? Qu'on ne croie pas qu'il faille, pour se livrer à ce genre d'étude, être un savant de profession, et qu'il soit indispensable, pour observer une mouche ou un ver, d'avoir étudié dans les livres toute la création. Lyonnet, lorsqu'il entreprit l'étude de la chenille du saule, était un magistrat fort étranger à ce genre d'observation : il n'en a pas moins fait la plus admirable des monographies.

Nos bibliothèques sont encombrées de ce qu'on a écrit sur la destruction des pucerons, et surtout des pucerons lanigères; mais il ne paraît pas que l'on ait encore réussi à rendre pratique et populaire cet art, qui serait aussi utile au monde moderne que le fut autrefois le grand art des fortifications. L'agriculture attend encore son Vauban contre l'envahissement des pucerons. Quand le monde moderne aura-t-il ses véritables grands hommes? Les conquérants anciens nous éblouissent trop de leurs sabres ; ils nous empêchent de penser aux conquêtes que nous pourrions faire avec le microscope.

DE L'INFLUENCE DU FROID SUR LES INSECTES.

Après un hiver très-froid, deux paysans causaient : le premier disait que la gelée avait fait périr les insectes, surtout les mans ; mais le second répondait : « Les mans se moquent bien du froid ; à mesure qu'il augmente, ils s'enfoncent, et j'en ai trouvé (montrant la verge de son fouet) qui étaient avant de ça dans la terre. »

Il y a longtemps que mes propres observations m'ont conduit à penser comme ce paysan. Mais on n'en répète pas moins partout que le froid prépare à l'agriculture les années fertiles, en tuant les insectes, les vers, les limaces, etc. Que le froid, lorsqu'il vient en sa saison, que la neige surtout ait sur les terres une influence fertilisante, personne n'essaiera de le nier ; mais cette heureuse influence des hivers rigoureux n'est nullement un résultat de la destruction des insectes, qui, loin d'avoir rien à redouter du froid, n'ont au contraire qu'à s'en réjouir, puisqu'il n'est mortel qu'à leurs ennemis, c'est-à-dire aux oiseaux. Ecoutez plutôt, en temps de neige, les marchands crier partout dans les villes : *Alouettes! alouettes!* La neige, pour les oiseaux, est le plus meurtrier de tous les filets ; lorsqu'elle couvre longtemps le sol, non-seulement ils se font prendre par mille et par mille, mais ils meurent par millions. Nul être vivant, en hiver, ne souffre autant qu'eux ; leur diminution certaine est donc, pour les insectes et pour les limaces, un gage de sécurité. Eux, cependant, qu'ont-ils à craindre de la neige et du froid? Profondément cachés dans la terre, ceux qui passent l'hiver à l'état de larves s'enfonceront, s'il le faut, de deux mètres pour en fuir les atteintes ; d'autres à l'état d'œufs ou de chrysalides, tels que les chenilles et un grand nombre de mouches, sont enveloppés de triples et quadruples capitonnages de gomme, de soie, de laine, de bourres, de feuilles ; allez au retour du printemps visiter ces nids, vous verrez si tout cela ne s'éveillera pas plein de vie.

Les limaçons et limaces, qui sembleraient les plus exposés, savent parfaitement trouver dans les vieux murs, dans les caves, dans les troncs creux et dans les racines des arbres, des retraites impénétrables au froid, tandis que nous autres hommes, dans notre imprévoyance, nous bâtissons nos maisons et préparons nos vêtements comme si jamais l'hivèr ne devait être rigoureux. Les limaçons et les insectes, au contraire, prennent leurs précautions chaque année comme si le froid devait être terrible. Jamais le papillon ne néglige d'entourer ses œufs d'un épais édredon de soie ; jamais le limaçon, vers la mi-novembre, ne néglige de gagner sa retraite ; et dès qu'il s'y est blotti, il ajoute à ce soin celui de fermer solidement l'ouverture de sa coquille par deux, trois et quelquefois par quatre cloisons. Ces mollusques sont les sages des sages. Les coléoptères, pour la plupart, en hiver, sont à l'état de larves, et nous avons dit qu'à mesure que le froid augmente, ils s'enfoncent dans le sol; mais quelques-uns d'entre eux peuvent passer l'hiver à l'état d'insecte parfait : les coccinelles — qui, du reste, sont plutôt utiles que nuisibles, puisqu'elles font la guerre aux pucerons — savent très-bien trouver contre le froid un abri d'où elles puissent aisément sortir, car, en hiver, même au mois de janvier, dès que le soleil se montre, on les voit se promener. Les lombrics ou vers de terre, qui d'ailleurs, pas plus que la coccinelle, ne semblent être des animaux nuisibles, ne manquent pas, eux aussi, comme les mans, de s'enfoncer dans le sol. Ce sont, pour leur conservation, les plus précautionneux des êtres. L'oiseau, au contraire, l'oiseau qui, pour abriter ses petits, construira au printemps des chefs-d'œuvre d'architecture, l'oiseau, pour lui-même, ne fait rien ; l'hiver le trouvera sur la branche ; y dort-il du moins pendant les interminables nuits d'hiver? Si le froid, si la bise ne suffisent à le tenir éveillé, la faim, l'horrible faim le tourmente, et la terreur vient s'y joindre : les oiseaux de proie nocturnes, les renards, les loups même, lui font une chasse terrible ; et le jour, c'est l'épervier, c'est la buse, c'est l'homme.... *Alouettes ! alouettes !*

Les oiseaux, vous le voyez, sont de tous les animaux ceux qui ont le plus à souffrir du froid. Les chasses incessantes qu'on leur fait ne permettent guère que leurs pertes puissent se réparer ; aussi les voyons-nous devenir toujours plus rares après chaque grand hiver. En revanche, les insectes pullulent, les hannetons seuls causent dans la campagne, chaque année, des désastres toujours plus grands. A mesure que l'oiseau disparaît, l'insecte de plus en plus devient un danger public. Ne comptez donc plus sur le froid pour vous en délivrer ; soyez bien persuadés, au contraire, que sous nos pieds, au-dessus de nos têtes, partout autour de nous, dans le sol, dans les branches de l'arbre et jusque dans nos habitations, ils tressaillent d'aise à voir la neige persistante, à laquelle ils devront d'entendre crier en tous lieux : *Alouettes ! alouettes !*

Quant à nous, qui savons si mal prévoir le froid et le chaud, l'abondance et la disette, tâchons du moins de comprendre que la diminution du nombre des oiseaux étend et fortifie le règne malfaisant de l'insecte.

LES VIPÈRES.

On a posé, à propos de quelques animaux voraces, la question de savoir si, malgré le mal qu'ils nous causent, ils ne nous sont pas cependant de quelque utilité comme nettoyeurs et balayeurs infatigables. N'en concluons pas la possibilité d'une fédération de tous les êtres. L'hostilité entre certaines créatures est une loi de la vie comme l'alliance et l'amitié entre certaines autres. Comment imaginer, en effet, qu'un pacte fédératif puisse s'établir entre ceux qui dévorent et ceux qui sont dévorés, entre le vautour et sa proie, entre le loup et l'agneau, le chat et la souris, l'araignée et la mouche ? Beaucoup de gens ont pensé, beaucoup de gens pensent encore que cette loi d'antagonisme, en bien des cas, s'étend même de l'homme à l'homme comme des loups aux loups. « Il me semble, dit Commines (liv. V, chap. 18), que Dieu n'a créé aucune chose en ce monde, ni hommes ni bêtes, à qui il n'ait fait quelque chose son contraire.... Au royaume de France a donné pour opposite les Anglais... »

Que cet antagonisme de l'homme contre l'homme puisse un jour cesser, c'est depuis longtemps l'espoir de quelques grands cœurs; mais, en dehors de l'humanité, nous avons et nous continuerons d'avoir nos ennemis comme toutes les autres créatures. Malheureusement, ces ennemis, nous savons à peine les distinguer, et trop souvent il nous arrive de porter des jugements erronés sur les animaux qui nous entourent. Nous ne savons point avec une suffisante certitude ceux que nous devons combattre, ceux que nous devons protéger. Pour quelques-uns cependant, le doute n'est pas possible. Aussi pouvons-nous sans hésitation dire de la vipère qu'elle est pour l'homme un ennemi terrible.

Les serpents venimeux ont été dans tous les temps un objet d'horreur, mais peut-être n'est-on pas assez persuadé que la vipère est celui de tous qui cause le plus de malheurs. Le crotale, ou serpent à sonnettes, donnerait probablement aux statistiques un moins grand nombre d'accidents, non pas que sa morsure ne soit plus mortelle, mais il est moins agressif que la vipère, il fuit devant l'homme et habite des régions moins peuplées.

Les lions, les panthères et les tigres tuent chaque année moins d'hommes que la vipère. Si la foudre était aussi redoutable, nous ne verrions plus en Europe une maison sans paratonnerre. Nul fléau, après la peste, ne fait plus de ravages. Dans le département de la Loire-Inférieure il a été constaté en trois ans 138 morsures, dont 17 ont amené la mort; mais on ne dit point le nombre des personnes mordues dont la santé sera restée pour toujours altérée. Que n'apprendrions-nous pas, si nous avions sur ce point, pour tous les départements, des statistiques exactes? Dans quelques contrées des primes ont été accordées pour la destruction des vipères; ces primes varient de 25 à 50 centimes par tête d'animal. Dans la Haute-Marne, le montant de ces primes pour les années 1859, 1860, 1861, s'est élevé à la somme de 27,000 fr. Cela suppose, à 50 centimes, 106,000 vipères ou 212,000 à 25 centimes.

Ces dangereuses bêtes avaient autrefois des ennemis redoutables : c'étaient les apothicaires, qui, pour plusieurs préparations célèbres, telles que la thériaque, le vin de vipère et toutes sortes d'onguents, pommades et cosmétiques, en faisaient une consommation énorme.

Elles étaient donc pour le paysan l'objet d'un véritable trafic; mais depuis une soixantaine d'années ce commerce a cessé.

Aussi les vipères sont-elles devenues partout beaucoup plus nombreuses. On pourrait indiquer, dans le nord même de la France, tels coteaux qui, de mai en juillet, en sont littéralement couverts. Que sera-ce dans quelques années, si l'on reste indifférent à leur multiplication? Il ne faut pas oublier que chaque femelle produit par saison depuis douze jusqu'à vingt-cinq petits; ce qui fait que là où il y a aujourd'hui cent vipères mâles et femelles, il y en aura mille dans un an, dix mille dans deux ans, etc. L'emploi de la thériaque pouvait bien n'avoir pour les malades qu'une faible efficacité; mais on voit de quelle utilité il était pour la destruction des vipères. L'abandon de cette drogue par la pharmacie moderne a été un vrai malheur public.

A propos des primes établies pour la destruction des vipères, M. P. Joigneaux dit fort bien:

« On a commencé par allouer aux exterminateurs de vipères 50 cent. par tête; ensuite on a réduit la prime à 25 cent. Il eût été, selon nous, plus habile d'offrir la petite prime au début, alors que les vipères abondaient, et d'augmenter à mesure de la destruction. Si, à raison de 50 cent. la pièce, les chasseurs des reptiles faisaient d'excellentes affaires en 1856 et 1857, ils ne peuvent qu'en faire de mauvaises à présent. Aussi on se plaint de ce que leur zèle se ralentit. Nous n'avons pas de peine à le croire ; ils attendent vraisemblablement que la multiplication se renouvelle, et que les nichées soient avantageuses. »

Voilà précisément l'inconvénient auquel obviait l'ancienne pharmacie : lorsque les vipères commençaient à devenir rares, naturellement elles haussaient de prix, et les chasseurs, plus fortement payés, continuaient leurs recherches. Une autre cause a contribué, dans ces derniers temps, à propager les dangereux reptiles. Les cigognes, qui leur faisaient une si rude guerre, sont devenues, en France, de plus en plus rares ; les corbeaux, autres ennemis des vipères, ont été aussi chassés de bien des pays par la destruction des futaies (je l'ai dit à propos des hannetons). Le sanglier est sans doute un animal assez peu regrettable dans les contrées où il n'existe plus ; mais c'était un destructeur de serpents : il eût donc fallu tout au moins laisser vivre les animaux qui, sans faire aucun mal, eussent pu nous délivrer de nos plus dangereux ennemis. Le plus inoffensif des animaux sauvages, le hérisson, nous eût été, pour cela, d'un merveilleux secours : il est doué du singulier privilége d'avoir dans le sang un préservatif contre le venin des vipères; mordu par elles au museau, aux lèvres, à la langue, il ne lâche pas prise et terrasse l'adversaire sans même prendre garde aux blessures qu'il reçoit. Mais la sottise continue ses persécutions contre le hérisson; il est dans nos campagnes, ainsi que le crapaud, l'orvet et la salamandre aquatique, cruellement pourchassé, et ce sont peut-être les quatre animaux les plus incapables de nuire qu'il y ait dans nos climats.

« On ne se contente pas, dit M. P. Joigneaux, de tuer le hérisson; on pousse la cruauté jusqu'à le brûler vivant, à petit feu : plus le supplice dure, plus il y a de plaisir! Que reproche-t-on à ce pauvre animal? Nous n'en savons rien. Il n'a pas, comme les lézards et les couleuvres en certains endroits, la réputation de téter les vaches et de les mettre à sec; on ne l'accuse point, comme les belettes qui traversent une grande route, de porter malheur aux voyageurs qui passent en ce moment-là; on ne le soupçonne pas capable, comme le corbeau sur un toit, de prophétiser la mort de quelqu'un de la maison dans le courant de l'année; il n'a point, ainsi que la pie, la fâcheuse réputation d'annoncer une calamité quelconque dans la journée même. On le trouve laid, voilà son crime, et c'est aussi celui du crapaud; et parce qu'ils n'ont rien de séduisant dans les formes et dans le regard, on s'amuse à rôtir le premier, tandis qu'on fait sauter le second en l'air le plus haut qu'on peut, en frappant sur le bout d'une planche disposée en bascule.

« C'est notre manière de récompenser nos auxiliaires; et aussi longtemps que l'école primaire n'interviendra pas sérieusement et n'enseignera pas à nos enfants ce qu'ils devraient tous savoir, nous aurons à rougir de ces actes de cruauté. »

La vipère est une des bêtes les plus somnolentes que l'on connaisse; elle dort presque constamment dans son trou, et n'en sort qu'au grand jour pour dormir au soleil. Mais méfions-nous de cette dormeuse perfide : c'est au moment où, roulée en spirale, elle semble le mieux endormie, que tout à coup elle s'élance comme un trait pour saisir sa proie ou pour le seul plaisir de tuer. Rarement les vipères s'éloignent de leur trou, et dès que le soleil baisse, elles y rentrent. Elles n'ont donc de vie active que quelques heures par jour, et seulement pendant les mois les plus chauds. Cela leur suffit pour trouver le peu de nourriture qu'il leur faut. Un ou deux repas, voilà pour toute une saison. A la vérité, ce repas se compose souvent d'un animal presque aussi gros qu'elles : une souris, un oiseau; elles mettent parfois plusieurs jours à l'avaler entièrement. Ajoutons que, comme tous les animaux à sang froid, elles digèrent avec une extrême lenteur.

En hiver, ou plutôt dès l'automne, elles se réunissent plusieurs ensemble dans des trous, où elles passent toute la mauvaise saison, enlacées, immobiles, les unes dans les autres.

Leur nom de vipère est une allusion à la manière dont elles mettent au monde leurs petits. En effet, tandis que la plupart des serpents sont *ovipares* et pondent des œufs qui n'éclosent qu'au bout de quelques jours, sous l'influence de la chaleur solaire, les vipères sont *vivipares*, c'est-à-dire qu'elles mettent au monde leurs petits tout éclos. Dès leur naissance, les vipereaux, abandonnés de leur mère, sont livrés à eux-mêmes. Ils vivent, dans les premiers temps, cachés sous des pierres et se nourrissent de petits insectes. Ils s'éloignent peu du lieu où ils sont nés, ce qui fait qu'on trouve souvent les vipères accumulées en grand nombre dans une étendue restreinte, tandis que dans les environs il ne s'en trouve pas une.

Toussenel, qu'il faut toujours citer lorsqu'il s'agit d'animaux, a écrit sur l'affreux reptile une page admirable :

« La vipère, dit-il, porte brodé sur toutes ses coutures le cachet de hideur et de répulsion suprêmes. Elle a pour chacun de nos sens son supplice spécial, son horreur. Supplice des yeux que cette mine ignoble, que cette livrée sinistre à teinte cadavéreuse, que ce regard rouge sanglant et sombre, et ces allures lentes et tortueuses, et cette gueule démesurée et indéfiniment dilatable où circulent des torrents de bave, où gît le venin subtil dont un atome tue. Horreur de l'ouïe que cette voix de crécelle étranglée, sibilante, qui rappelle la voix de l'orfraie.... Horreur de l'odorat, du tact; horreur de tous les sens que cette masse inerte et sans forme, d'où s'exhale une odeur fétide, et dont le toucher glacial donne la petite mort aux plus braves.

« Ajoutez maintenant le mystérieux à l'horrible.... Ajoutez que la nature, qui ne jugeait pas que le reptile immonde en eût encore assez de ces moyens de nuire, l'a doté par surcroît de la puissance de fascination magnétique qui lui livre ses proies sans défense...., qui fait mieux que cela encore : qui force ses victimes à courir d'elles-mêmes à leur perte, à se précipiter tête baissée dans le gouffre infernal qui s'ouvre! »

Ce don étrange de fascination n'est pas le seul problème jusqu'ici insoluble que présente l'histoire des serpents venimeux : le poison terrible si savamment distillé, si ingénieusement conduit dans deux dents recourbées, rétractiles, cachées dans la mâchoire supérieure (dents dont le mécanisme, semblable à celui de la griffe du chat, est lui-même une merveille), ce poison, qui tue en un instant l'homme, les poules et autres oiseaux, se trouve n'avoir aucune action sur les animaux dont la tâche est de détruire les vipères. Ils ont reçu de la nature elle-même un sauf-conduit contre la dent empoisonnée du reptile. Comment donc ce venin agit-il dans l'organisme? Quelle chimie prodigieuse que celle qui d'une même substance fait pour le lapin, pour le rat, pour tous les mammifères, un poison terrible, et pour le hérisson une liqueur inoffensive!

Autre mystère! La vipère inerte et cruelle se laisse pourtant *charmer*, ainsi que le crotale et tous les serpents venimeux. Les jongleurs indiens les changent par l'éducation (ô merveille!) en bêtes innocentes; pour cela, disent-ils, nulle violence, nulle mutilation, il suffit de *s'en faire aimer*. Serait-il possible? Il y aurait là un des plus curieux, un des plus grands problèmes qui se puissent résoudre.

Mais, en attendant le temps heureux où les vipères pourront devenir nos *amies* et ne plus se servir de leur venin contre nous, apprenons à nous garantir contre leur inimitié actuelle. Le bûcheron qu'elles menacent à son travail peut-il à leur agression répondre par des caresses? Le père qui trouve la bête affreuse couchée au berceau de l'enfant qu'elle a blessé mortellement, peut-il avoir la pensée de s'en faire le *charmeur?* La vipère, en effet, toujours glacée, recherchant la chaleur, aime à se glisser près des enfants endormis ; et si les pauvres petits remuent et dérangent le reptile, ils sont aussitôt frappés de la piqûre mortelle. C'est l'aspic surtout, variété de la vipère dans quelques départements, qui recherche ainsi la chaleur des berceaux.

Quelqu'un, il y a une quarantaine d'années, imagina que la morsure des vipères était un remède contre la rage; des médecins voulurent en faire l'essai; on vit alors quelque chose d'épouvantable, c'est-à-dire des gens enragés aux fureurs desquels on ajoutait les effets causés par les piqûres de vipère. Les malades moururent dans un état indescriptible.

La vipère est le seul serpent dangereux que nous ayons en Europe. Autre singularité : la couleuvre, bête innocente, utile même par la guerre qu'elle fait aux insectes, ressemble si parfaitement à la vipère, qu'à peine les yeux les plus exercés parviennent à les distinguer l'une de l'autre. M. Duméril, professeur au Jardin des Plantes, après cinquante ans d'études, s'y trompa et fut cruellement piqué. Un point cependant différencie les deux reptiles : la couleuvre est ovipare.

Couleuvre et orvet.

Quel remède contre le danger auquel, dans la campagne, nous exposent les vipères? Les détruire d'abord, et, lorsqu'on est piqué, appliquer sur la plaie un fer rouge ou un charbon ardent, ou bien encore quelques gouttes d'ammoniaque; mais il est bon d'élargir préalablement la blessure et de la sucer, pourvu qu'on n'ait aucune gerçure aux lèvres ni à la langue. On peut remplacer la succion par une application de ventouses. Il importe aussi d'arrêter l'enflure en liant au-dessus de la morsure le membre piqué.

Ne pourrait-on pas, comme on l'a fait, je crois, avec succès pour le *curare*, tenir le membre lié, et le délier momentanément à d'assez longs intervalles, afin que chaque fois il ne fût enlevé par la circulation qu'une parcelle imperceptible du poison déposé dans la plaie, et pour que les effets se trouvassent ainsi affaiblis ?

Mais notre conclusion définitive sera que, dans toute maison de campagne, un flacon d'ammoniaque est chose indispensable; que même, pour travailler dans les taillis et sur les coteaux en été, il faudrait en avoir toujours quelques gouttes dans sa poche. C'est là encore un point sur lequel devraient insister tous les instituteurs de campagne. Espérons que bientôt ils sauront, parmi nos populations rurales, répandre la lumière sur ce sujet et sur bien d'autres.

En terminant, je prévois une objection : on trouvera que j'ai été pour les vipères d'une sévérité excessive. Il ne faut, en effet, calomnier personne, même parmi les serpents; mais je ne crois pas, à l'égard des vipères, avoir mérité ce reproche. Je dois l'avouer cependant, je ne les ai déclarées *agressives* que sur la foi d'autrui.

Jamais je n'eus l'occasion de les voir s'élancer sur personne, quoique j'aie habité dix-neuf ans dans un pays qui en était infesté. Je les ai toujours vues dans un engourdissement dont elles ne s'éveillaient que pour fuir vers leur trou. Pour en être atteint, il m'a toujours paru aussi qu'il fallait, ou marcher dessus, ou les toucher de la main, soit en cueillant de l'herbe ou des fraises, soit en relevant les javelles. M. Joigneaux a fait, sur ce point, les mêmes observations. Mais quelques personnes m'ont affirmé que des vipères les avaient poursuivies et s'étaient élancées sur elles. On en a vu aussi s'élancer sur les chiens (qui, lorsqu'ils en sont piqués, sont très-malades, enflent beaucoup, mais très-rarement en meurent). Le plus compétent, le plus attentif des observateurs contemporains, Toussenel, affirme qu'elles sautent sur les hommes et les bêtes ; c'est lui aussi qui les accuse de causer plus de malheurs que les serpents à sonnettes ; il cite la lettre d'un de ses amis qui lui écrit du Texas :

« Le serpent à sonnettes est une bête innocente en regard de vos vipères de Vendée, si endiablées, *si ardentes à l'attaque*. »

Du reste, qu'elles soient ou non agressives, les vipères causent, chaque année, assez de malheurs dans nos campagnes pour qu'on ne puisse parler d'elles sans une sorte de ressentiment et d'horreur.

LA SALAMANDRE.

La salamandre est si froide, selon Pline, qu'elle éteint le feu!... Toute l'antiquité, tout le moyen-âge ont cru à cette fable.... On est confondu lorsqu'on lit de telles choses : il semble que les hommes n'aient commencé que depuis un siècle, au temps des Linné et des Réaumur, à observer vraiment la nature; tout, jusque-là, s'appréciait par ouï-dire, comme le dit si bien Rabelais. Ce nom cependant nous rappelle que pour être juste, il faut faire remonter au XVIe siècle les premières observations scientifiques; la vraie science date de cette époque, et a, dès lors, pour représentants les plus illustres Galilée, Vésale, Christophe Colomb, Palissy, Rabelais lui-même, l'illustre professeur de botanique et d'anatomie aux écoles de Montpellier et de Lyon.

Lorsqu'on songe aux inepties qui, durant tout le moyen-âge, ont été dites, redites et publiquement enseignées sur la nature entière, comment s'étonner si l'on en retrouve encore des traces parmi les populations rurales? Le monde des bêtes n'apparaissait aux docteurs d'alors que comme une sorte de fantasmagorie malfaisante; l'art gothique se fit l'interprète de cette belle science, et se chargea de représenter partout les animaux à l'état de monstres. Ce temps est passé; les animaux ont été réhabilités par la science moderne; nous les voyons maintenant en leur beauté, en leur utilité, en leur harmonie avec l'ordre éternel. Et cependant sur quelques-uns d'entre eux, il reste encore des traces de la gothique calomnie.

Personne n'oserait maintenant écrire que la salamandre peut tuer qui elle veut par son seul regard. On ne croit plus que le liquide que son corps distille soit pestilentiel jusqu'à faire périr des nations; on ne croit plus que sa queue lance un venin terrible, ni qu'elle puisse vivre au milieu d'une fournaise ardente. Cependant aucun animal n'effraie davantage les gens de la campagne : pour rien au monde vous ne les en feriez s'approcher, ils ne la tuent qu'à l'aide de longs bâtons. J'ai vu des hommes vraiment braves pâlir, lorsque, devant eux, je prenais avec la main un de ces animaux. Les explications les plus précises, les témoignages imprimés, l'exemple, rien n'y faisait ; bien peu d'entre eux se déterminaient à toucher un *mouron* ou un *lac* (c'est le nom que dans nos campagnes on donne à la salamandre terrestre). Ce qui peut surprendre, c'est que les femmes, sur ce point (comme sur tant d'autres, quoi qu'on en dise), sont plus faciles à *ramener* que les hommes.

La salamandre terrestre.

L'horreur qu'inspirait autrefois la salamandre ne laisse pas que d'avoir quelque influence jusque dans les appréciations des savants. Un d'eux, et l'un des plus justement illustres, reproche à l'innocent animal d'avoir « l'allure stupide. » Quand les savants sauront plus et mieux, ils comprendront peut-être que nulle part, dans ce qui a vie, on ne rencontre l'inintelligence.

La salamandre est lente dans sa démarche, et très-aisément elle se déconcerte lorsqu'elle se sait regardée; mais dans ses jeux, dans sa chasse aux insectes, quelle habileté ! Les salamandres ne sont pas seulement des bêtes inoffensives, elles sont des travailleuses modestes beaucoup plus actives qu'on ne le pense communément : blotties sous des pierres, elles guettent au passage les insectes qu'elles happent lestement. Si les services qu'elles rendent au cultivateur sont de peu d'importance, il faut considérer que leur travail est absolument gratuit, je veux dire que les salamandres ne causent dans nos campagnes, en quoi que ce soit, aucun dégât.

L'ORVET.

L'orvet, autre victime de l'ignorance et de la calomnie, n'inspire pas moins de terreur que la salamandre, et cependant personne ne peut lui reprocher ni sa laideur, ni son allure : il est joli, luisant, ondulant, caressant, léger, gracieux, agréable au toucher ; ses yeux, quoique brillants, sont pleins de douceur. Que penser, en voyant tous les anciens naturalistes, le déclarer aveugle ? Les aveugles, n'étaient-ce pas ces naturalistes, ou plutôt ces antinaturalistes ? Ces gens-là avaient-ils des yeux, ou, s'ils en avaient, s'en sont-ils jamais servis ? On pourrait en douter.

L'orvet est vivipare, insectivore. Sa longueur est de 30 à 35 centimètres. Quoiqu'il fuie au moindre bruit et très-vite, on l'attrape aisément ; mais si l'on n'a pas soin de le prendre par la tête ou par le milieu du corps, il arrive souvent qu'il se brise de lui-même par une petite secousse, et qu'il s'échappe en vous laissant dans la main ce que vous teniez de sa petite personne. Comme la salamandre, l'orvet se nourrit d'insectes; mais, tandis que la salamandre ne vit qu'aux lieux un peu sombres et humides, l'orvet fait ses chasses au grand soleil, dans les lieux les plus chauds. Quelques observateurs prétendent que certains moucherons viennent d'eux-mêmes se précipiter dans sa petite bouche, toujours friande de jolies bestioles. L'orvet s'habitue vite avec l'homme et semble l'aimer, peut-être à cause de la chaleur des mains; aussi aime-t-il à se fourrer dans les manches et dans les poches, où il se conduit avec la plus extrême discrétion, lorsqu'il s'y est introduit. Il semble goûter là des instants de vraie béatitude.

Il n'est sorte de niaiseries qu'on ne répète dans les campagnes sur la vitalité quasi indestructible de ces animaux, qui, dit-on, coupés, hachés par morceaux, se rapprochent, se ressoudent et continuent de vivre. La vérité est qu'un rien les tue. Mais ces sottises sont venues de la facilité avec laquelle les orvets se séparent de leur extrémité caudale, ou bien peut-être, en ceci, les a-t-on confondus avec les salamandres, qui, coupées par morceaux, continuent de remuer pendant quelque temps, mais qui, bien entendu, ne se ressoudent pas, et finissent par mourir. On affirme pourtant qu'une patte de salamandre repousse parfaitement. On dit même que certaines parties de leur tête, enlevées, peuvent se reformer.

J'ai du reste constaté le fait, non sur des salamandres, mais sur des écrevisses. Une grosse patte d'écrevisse, lorsqu'on l'enlève, repousse. Quelques savants, dans ces derniers temps, ont nié cela. Quoi de plus facile à vérifier pourtant? Malheureusement, pour observer, il faut du temps, de la patience; et les plus beaux raisonnements, affirmatifs ou négatifs, se font en un instant. Eh! mes amis, raisonnons un peu moins et voyons davantage. Des faits, des faits! voilà ce dont la science a besoin.

LE CRAPAUD.

Le crapaud, bête innocente, est maintenant classé parmi les amis du cultivateur et du jardinier; mais pendant des siècles, on l'a cru capable de toutes les horreurs.

Si le hérisson est depuis longtemps, comme nous le verrons, victime d'une erreur judiciaire, cette erreur ne fut pas à l'origine sans une certaine vraisemblance; mais le crapaud est resté pendant des siècles sous le poids d'une accusation impossible. Aujourd'hui encore, bien des gens le croient adonné à la magie. C'était la bête de prédilection des sorciers. La pharmacie, un peu fantastique alors, le faisait entrer, à cause de ses vertus occultes, dans la composition des baumes les plus redoutables. En dehors de la pharmacie, on mettait en terrible soupçon ceux qui osaient toucher un de ces animaux.

Vanini, brûlé par arrêt de parlement, fut accablé surtout par cette circonstance qu'on avait trouvé chez lui un crapaud dans un bocal. Mais, chose singulière! le crapaud était un bon sorcier, c'était l'*ami de l'homme* : on pouvait, avec lui, se garantir contre les maléfices des autres magiciens; il empêchait les visions chez celui qui le portait, et le rendait en même temps invisible à tout ennemi.

Les plus raisonnables faisaient du crapaud une bête à venin terrible; le liquide qu'il lance quelquefois comme un jet d'urine, lorsqu'on le tourmente, passait pour être mortel. Son corps est couvert de pustules d'où suinte une liqueur visqueuse; cette liqueur âcre et piquante devint, dans l'imagination populaire, un poison dangereux. On avait vu quelquefois des chiens qui essayaient de mordre un crapaud, le rejeter avec un cri de douleur. Le venin leur avait piqué la gueule à la façon des orties, mais voilà tout.

Cuvier pense pourtant que de petits animaux pourraient très-bien être empoisonnés par cette liqueur.

Je ne sais ce qu'il en est; mais je puis affirmer que dans mon enfance j'ai manié et beaucoup tourmenté de crapauds, sans en éprouver jamais aucun inconvénient. Si je n'en parlais que par ma propre expérience, je dirais qu'il est en même temps le plus laid et le plus innocent des êtres. Le sentiment de répulsion qu'inspire sa laideur doit avoir contribué à lui donner cette réputation de sorcier. Le pauvre animal a d'ailleurs un moyen de défense qui effraie, tout le monde a pu en être témoin : loin de fuir, lorsqu'on le poursuit, il s'arrête, et l'on voit alors tout son corps se gonfler; il se ballonne en introduisant sous sa peau, par un mécanisme spécial, une forte quantité d'air. Il se trouve ainsi enveloppé d'une sorte de coussin élastique qui le rend presque insensible aux coups; c'est pour cela que si haut qu'on le lance, même avec une fronde, il retombe toujours sain et sauf. Les enfants, à la campagne, se font quelquefois de ce jeu un plaisir cruel.

Mais ce n'est point de ces singularités que nous avons à parler ici.

Comment le crapaud rend-il service au cultivateur? En purgeant sa terre de vers et d'insectes; en faisant, comme le hérisson, les fonctions de gardien de nuit. Nous ne savons pas assez quel nombre prodigieux d'ennemis sortent de leurs retraites, la nuit, pour dévorer nos récoltes, ou tout au moins pour retarder leur croissance par les blessures et les tourments qu'ils leur causent. Quelqu'un peut-il dire de combien serait plus active la végétation des forêts, sans les millions de rongeurs qui, de la racine au sommet, les épuisent ?

Restez quelque part immobile et l'œil contre terre dans un champ jusqu'à l'heure de minuit, vous verrez le sol littéralement couvert d'insectes, de larves, de mollusques, etc., tandis que dans l'air des légions de phalènes vous frapperont le visage. En voyant alors le hérisson et le crapaud leur faire une chasse active, vous comprendrez que vous avez là deux indispensables gardiens de vos richesses ; vous pardonnerez à la taupe l'ennui des taupinières, en songeant que, seule, elle peut poursuivre ces légions d'ennemis jusque sous le sol. S'il arrive même que ces dernières s'installent dans vos semences et qu'elles y causent trop de ravages, au lieu de payer le taupier pour les tuer, vous le payeriez pour que tout simplement il les transporte sur un autre point de la ferme.

Malheureusement, le crapaud mange moins que le hérisson. Mais comme il se multiplie beaucoup plus, et qu'il peut le faire sans inconvénient pour personne, il n'est pas d'une utilité moins grande. Le hérisson n'a en réalité sur lui d'autre avantage que de détruire les serpents.

Le crapaud est au besoin un modèle de sobriété ; tout

le monde sait qu'il peut rester enfermé sans nourriture et presque sans air des années entières. J'en jetai sept ou huit, dans mon enfance, au fond d'une citerne vide ; ils y restèrent dix-huit ans, et devinrent énormes. De quoi s'étaient-ils nourris ? Je l'ignore. Probablement de bestioles invisibles.

Ces animaux, comme tous les êtres laids, sont bien plus intelligents qu'on ne le croirait. On a parlé d'un crapaud apprivoisé qui, tous les jours, venait régulièrement prendre part au repas de ses maîtres, et qui vécut ainsi en domesticité pendant trente-six ans. Il y eût vécu bien plus longtemps, si un accident n'eût mis fin à ses jours.

M. Bory de Saint-Vincent constate avec raison que c'est pendant la ponte qu'a lieu la fécondation chez les batraciens comme chez les poissons. Les œufs ne sortent pas en paquets comme ceux de la grenouille, mais en deux chapelets longs quelquefois de plus d'un mètre. Déposés dans l'eau, on les voit grossir en peu de jours, puis donner naissance à des légions de têtards. Dès qu'ils auront achevé leur métamorphose, ils sortiront de l'eau, pour n'y revenir qu'au temps où eux-mêmes devront commencer à se reproduire ; ce qui n'a lieu qu'après un espace de quatre ans.

Le développement du crapaud est, comme on le voit, très-lent. On a dit autrefois du rampant animal tant de choses fantasques, que même de nos jours, dans des livres sérieux, on en répète encore quelques-unes. Ainsi, dans quelques traités tout modernes, vous lirez qu'il tombe des crapauds du ciel avec la pluie. On essaie même d'expliquer ces pluies de crapauds : ils ont été, dit-on, enlevés par des trombes avec l'eau des étangs. Mais alors nous aurions des pluies de têtards, puisqu'ils ne vivent dans l'eau que sous cette forme.

Voici, quant à moi, ce que je puis affirmer.

J'habitais, il y a quelques années, à la campagne, une vallée où, je ne sais pourquoi, les crapauds étaient assez rares; il me vint à l'esprit de les y propager, à cause de leur utilité et aussi à cause de leur chant, si agréable à entendre dans les beaux soirs d'été. J'allai donc, par un jour du mois de mars, recueillir partout aux environs le frai de ces harmonieux batraciens, et j'en emplis deux seaux. Je les déposai dans l'eau d'un petit étang. Des milliers de têtards ne tardèrent pas à y éclore, qui tous, à deux mois de là, parvenus simultanément à l'état de crapauds, sortaient de l'étang. Le jardin, la prairie, la cour, en furent pendant deux jours entièrement couverts; puis, comme il faisait beau temps, tout disparut.

Mais quelques semaines plus tard, la pluie étant venue, mes crapauds, de nouveau et en quelques instants, couvrirent le sol; la sécheresse ayant repris son cours, les petits batraciens s'éclipsèrent encore, pour ne se remontrer qu'à la prochaine pluie. Toute l'année, il en fut ainsi; et avec toute averse on eût dit qu'il tombait des crapauds.

J'ai fait mon profit de cette histoire, ami lecteur; vous en ferez aussi le vôtre, si vous êtes sage.

Il n'en est pas moins vrai que dès le temps d'Aristote il était question des pluies de crapauds, et même de nos jours nombre d'observateurs affirment en avoir reçu sur leurs chapeaux, sur leurs parapluies et dans leurs voitures. Mais ces prétendus crapauds n'étaient-ils pas tout simplement de petites grenouilles? Les étangs, en effet, peuvent contenir des grenouilles en quantité considérable, tandis que les crapauds ne les habitent qu'à l'état de têtards.

Les habitants de certaines contrées ont une façon singulière d'utiliser le crapaud.

Victor Jacquemont, voyageant dans l'Inde, traversa des régions où le soleil était si brûlant, qu'il lui fallait s'entourer la tête d'un turban mouillé, renouvelé de quart d'heure en quart d'heure. Il eût évité cet embarras, s'il eût su que les nègres, au Sénégal, s'appliquent, en pareil cas, un crapaud sur le front. Cet animal, toujours glacé, leur tient la tête fraîche. C'est à cause de cela, sans doute, que certains médecins autrefois l'employaient de la même manière et avec succès, dit-on, contre la migraine.

Il se fait en Angleterre, depuis quelques années, un commerce de crapauds qui, fort humble d'abord, est en train de se développer. Les jardiniers maraîchers, de l'autre côté de la Manche, les dispersent dans leurs jardins et s'en trouvent très-bien. Les crapauds ne se cotent pas encore à la bourse de Londres, mais qui sait si cela ne viendra pas ? En attendant, avertissons ceux qui voudraient se livrer à l'exportation que les crapauds sur le marché anglais trouvent acheteurs au prix de 6 schellings la douzaine. Ils forment au milieu des légumes une vraie brigade de sûreté. Insectes, mollusques, tout disparaît, grâce à leur surveillance.

Cela ne doit point étonner de la part des Anglais ; ils savent trop bien trafiquer de tout être et de toute chose utile pour n'avoir pas fait du crapaud un objet de commerce ; la science et l'expérience ont, depuis quelques années, trop bien constaté l'utilité de cette bête pour qu'on l'ait négligée sur le marché d'outre-Manche. Il est évident, en effet, que l'on vend et achète, chez tous les peuples, des choses de bien moindre valeur que le crapaud. Sans bruit, sans frais, sans désordre, presque sans se montrer, l'humble et patient travailleur accomplit son utile besogne. Ces modestes ouvriers, expurgateurs adroits et actifs, peuvent dans un jardin exister en grand nombre sans qu'à peine, à de très-rares intervalles, on en aperçoive un ou deux en plein jour. La nuit, c'est autre chose, la nuit est pour ces animaux l'heure de l'activité, car le crapaud, malgré son apparente lenteur, est actif au travail ; mais il lui faut le silence, l'obscurité, le calme. Tout lourd qu'il semble, il n'en saisit pas moins très-lestement les bêtes les plus légères. Il est doué, pour cela, d'un mécanisme des plus ingénieux. Rien de plus intéressant que de le voir à l'œuvre. Il happe les insectes, non avec les lèvres, mais avec la langue. Cette langue, au lieu d'être attachée par la base, l'est par la pointe qui adhère au plancher de la bouche. La partie postérieure est libre.

« Par une sorte d'expiration, dit M. Auguste Duméril, l'animal la projette, forcément la renverse et en applique la face dorsale, recouverte de mucosités, sur l'objet qu'il veut saisir et qui est entraîné dans la cavité buccale par le retour de l'organe à sa position première. La rapidité de ce mécanisme est telle, que l'œil a peine à suivre ce double mouvement de la langue. » Un crapaud peut attraper ainsi en une heure vingt à trente insectes. On l'a parfaitement constaté par l'autopsie ; on a pu s'assurer aussi, de la même manière, que ce sont surtout les insectes aptères auxquels il fait la chasse. M. Auguste Duméril ne laisse subsister aucun doute sur l'utilité du crapaud dans les jardins maraîchers et dans les champs, et il en cite des preuves de tout genre. Mais ce ne sont pas seulement les crapauds, ce sont aussi les lézards qui peuvent jouer dans nos cultures le rôle de surveillants.

La tortue, disons-le en passant, serait, elle aussi, une excellente et très-sage jardinière. Un trait de ses mœurs, fort original, en fait même une bête d'excellent conseil : Porte-Maison, l'infante, ne sort pas quand il pleut; dès les premiers symptômes de pluie, on la voit, inquiète, chercher un refuge. Elle est, en cela, un excellent baromètre.

Ajoutons qu'elle ne demande aucun soin, qu'elle sait se suffire à elle-même, et que, l'hiver venu, elle trouve parfaitement le petit trou qui lui est nécessaire pour y passer la mauvaise saison. Aux premiers soleils, on la voit reparaître. J'en sais une qui, depuis six à sept ans, vit dans un jardin, sans que personne s'en occupe. Il serait difficile de trouver un serviteur plus commode. Rappelons à cette occasion la célèbre « grenouille au père Bugeaud. » L'illustre général, en Afrique, avait une rainette dans un bocal, avec une petite échelle, et jamais il n'eût mis ses soldats en marche sans avoir consulté *sa grenouille.*

Qui sait ce que nos soldats ont pu devoir à la grenouille au père Bugeaud, et le rôle que cette pythonisse a joué dans les destinées d'Abd-el-Kader ? Telle journée bien choisie par le général ne l'a peut-être été que grâce à la grenouille. Les cultivateurs pourraient aussi, je crois, trouver dans le chant du crapaud d'excellentes indications météorologiques. Car avouons, sans vouloir humilier personne, que beaucoup d'animaux en savent plus sur ce point que Matthieu Lænsberg, Matthieu de la Drôme et Matthieu de la Nièvre.

Les anciens n'avaient pas toujours tort de consulter le vol des oiseaux. Mais bien d'autres bêtes auraient à nous donner d'excellents conseils. Ne les méprisons pas.

LA PIE.

Il n'y a pas de doute sur le rôle de la pie dans le monde des champs ; elle y est nuisible, au même titre que le renard : guerre aux poussins, guerre aux œufs d'oiseaux, voilà ce qu'on lui reproche, et le reproche est fondé. Mais cette part faite, quel oiseau intelligent, rusé, sagace, amusant, accessible aux sciences, aux lettres, aux arts! Les pies savent compter, compter au moins jusqu'à cinq (on l'a constaté) ; elles savent parler, chanter, imiter tous les cris, tous les bruits. Chez elles (en famille), elles sont propres, actives, dévouées, économes ; elles font de leur nid une vraie forteresse, où l'on s'aime, où l'on rit, où l'on cause, où surtout l'on se gausse des voisins.

J'ai dit, parlant du renard, que, grâce à ce rusé compère, si bien connu du paysan, jamais on n'en avait pu venir à nier tout à fait l'intelligence des bêtes. La pie, parmi le monde des oiseaux, a protesté, elle aussi, contre la doctrine des animaux machines, et la Fontaine avait entendu l'éclat de rire de Margot, traversant avec l'aigle un bout de prairie :

Caquet Bon-Bec alors de jaser au plus dru
Sur ceci, sur cela, sur tout. L'homme d'Horace,
Disant le bien, le mal, à travers champs, n'eût su
Ce qu'en fait de babil y savait notre agace.

La légende est interminable sur cet oiseau, et l'on raconte sans fin des histoires de pies savantes, pies menteuses, pies voleuses. Toutes ces histoires, ramenées à de justes proportions, ne seraient qu'histoires de *pies furieuses*.

Heureusement, il y a aussi des histoires de pies bienfaisantes et reconnaissantes. En tout cas, ce n'est pas en cage ni en domesticité qu'il faut juger la pie ; c'est chez elle, élevant, soignant, morigénant ses *piats*, et jacassant en liberté sur la plus haute branche du canton.

Du reste, ménage parfait ! Le père, au besoin, remplace la femelle sur le nid, pendant que celle-ci s'en va en quête de vivres et de nouvelles dans le voisinage. Il faut bien vraiment qu'en faisant les provisions on apprenne un peu ce qui se passe. On n'a pas de journaux à lire, mais on a bon œil et bon bec.

On va, on vole, on court, on saute, on s'élance, on file à tire-d'aile, le tout pour savoir s'il n'y a pas quelque bon tour à faire à mesdames les corneilles ou à messieurs les geais du voisinage. Ah! les corneilles et les geais, voilà ceux qui en auraient long à nous dire sur les pies! Voyez plutôt Rabelais (*ancien prologue* du IVe livre) :

« Des contrées du Levant advolu grand nombre de geais d'un côté, grand nombre de pies de l'autre, tirant vers le Ponant.... Et fut la bataille tant furieuse, que c'est horreur seulement d'y penser.... »

Et c'est de cette bataille que causent encore, en se menaçant chaque soir, et les geais et les pies.

LES HIBOUX.

Je suis indigné. Nous ne comptons dans notre village que trois portes cochères, ce sont des portes de gr nges, et je viens de voir sur ces trois portes de pauvres hiboux tout récemment crucifiés; des chasseurs ont commis le meurtre, et de jeunes paysans ont cru bien faire en décorant ainsi la porte de leur grange. Malheureux! ils eussent été, ces oiseaux, les protecteurs de vos granges; ce sont eux qui, sans relâche, les nettoient de souris et de rats.... Mais leur récompense, c'est le crucifiement.

D'où vient que, parmi les animaux de notre région, il n'y en a pas qui inspirent aux villageois plus d'effroi? Vous n'en trouveriez pas non plus à l'égard desquels les peuples modernes aient été plus barbares et plus sots.

Impossible de traverser un village sans en apercevoir de cloués aux portes comme chez nous, et quelquefois ils y ont été cloués vivants....

Que leur reproche-t-on? Rien autre chose que leur physionomie; ils ont un visage, voilà leur crime; et, sur ce visage, il y a des airs de sagesse et de science qui, dans tout le moyen-âge, les ont rendus suspects.

L'antiquité, au contraire, à cause de cette expression quasi humaine, les tenait en haute estime. Aristote avait aperçu très-bien ce trait distinctif des hiboux : il les qualifia de comédiens ou mimes. En effet, malgré leur gravité, ils ont, par intervalles, les attitudes et les grimaces les plus bouffonnes. Le pauvre oiseau philosophe tourne vite à la caricature. Et pourtant, parmi les animaux, vous ne trouverez pas, après la tête du lion, une tête plus belle. Il n'a pas seulement la beauté, il a l'expression, et voilà justement ce qui inquiète; *il a des airs....*

Si cependant nous interrogeons sur les hiboux la vraie science et l'observation, qu'apprendrons-nous?

Interrogeons Pouchet.

Après avoir signalé les idées fausses ou superstitieuses qui font que dans les campagnes on méconnaît les services de ces animaux et qu'on les persécute inhumainement, le savant professeur ajoute que, bien loin qu'ils soient en rien nuisibles, on voit, « quand on étudie leurs mœurs, qu'ils sont utiles à l'agriculture, en détruisant un nombre considérable de mammifères rongeurs, qui forment un de ses plus redoutables fléaux. En effet, ils chassent aux rats, aux souris, aux mulots et aux campagnols, avec plus d'adresse que les chats, et même, en quelques pays, dans les habitations rurales, on les élève à la place de ceux-ci, auxquels on les préfère pour purger les greniers et les cours de tous ces animaux destructeurs : de là même provient leur nom de *chats-volants* ou de *chats-huants*, qu'on a imposé à quelques espèces. »

Qui croirait, après cela, qu'un homme d'infiniment d'esprit, qu'un de nos plus fins observateurs en histoire naturelle, que Toussenel, en un mot, a pu encore, en 1855, lancer contre ces oiseaux le plus violent de tous les pamphlets? Et que leur reproche-t-il, ô justice? *Leur air*; il trouve le hibou *plus repoussant d'aspect que le vautour*, et voici le portrait qu'il en trace :

« Hideux de traits et de physionomie, de langage et de mœurs, l'oiseau de nuit est, en effet, une de ces créations abominables dans lesquelles l'auteur de la nature s'est plu à réunir les éléments de la laideur suprême. L'oiseau de nuit a été doué, comme le serpent, l'araignée, le crapaud et la chauve-souris, du don de répulsion instinctive.... »

Ah! fermons le livre de Toussenel, car, vous le voyez, ce n'est plus seulement le hibou, c'est le crapaud, la chauve-souris, l'araignée, qui sont englobés dans cet anathème. Et pourquoi, s'il vous plaît? Toujours à cause de *leur air*. Eh! Toussenel a donc oublié le mot de la Fontaine :

> Garde-toi, tant que tu vivras,
> De juger les gens sur la mine.

Au moment où tant d'insectes et de bestioles malfaisantes enlèvent chaque année des millions, peut-être des milliards, à nos agriculteurs, n'est-il pas bien à propos de faire parade de notre ignorance, de notre ineptie, de notre cruauté barbare et stérilisante, sur les portes mêmes de nos granges?

LES CHAUVES-SOURIS.

Au premier rang de l'échelle des êtres, Linné plaçait l'homme, le singe et la chauve-souris. Par la dentition, par le pouce opposable, par la disposition des mamelles, placées non pas sur le ventre, mais sur la poitrine, ces trois êtres privilégiés constituent, aux yeux du grand naturaliste suédois, un ordre à part : celui des *primates*. Si le singe, en effet, par tant de points se rapproche de l'homme, la chauve-souris est presque un petit singe volant. L'analogie constatée par Linnée dans leur organisme a été retrouvée jusque dans leurs instincts : sociabilité, affections de famille, en sont les traits distinctifs; mêmes qualités, mêmes défauts. Tel vice, selon Isidore Geoffroy-Saint-Hilaire, est particulier à l'ordre des *primates*.

Les sens, chez les chauves-souris, atteignent un

degré de perfection que l'on s'explique à peine. Spallanzani crut même qu'elles étaient douées d'un sixième sens. Il avait constaté, en effet, que des chauves-souris aveugles se dirigent très-bien dans leur vol; qu'enfermées dans une chambre, elles savent parfaitement éviter les obstacles, saisir les insectes, et se diriger sans hésitation vers la moindre ouverture. Les naturalistes cependant hésitent à leur attribuer ce sixième sens. Ils expliquent cette faculté de perception à distance, chez les chauves-souris aveugles, par la perfection du toucher, qui, dans les membranes de leurs ailes, ou plutôt de leurs mains, acquiert une sensibilité peut-être sans exemple.

Les organes de l'ouïe et de l'odorat ne sont pas moins admirables chez ces animaux, qu'on a pris longtemps pour des monstres, et qui sont, après l'homme et le singe, les êtres les plus heureusement doués. Ils ont visiblement dans leurs membranes le toucher à distance. Mais qui pourrait se faire une idée de leur ouïe et de leur odorat? Ils ont de ce côté encore une telle puissance, que tout sommeil leur eût été impossible, si leurs oreilles et leur nez ne se fermaient la nuit à double et triple porte. Les autres animaux, pour dormir, ne ferment que les yeux, ceux-ci ferment tout. Enveloppées de leurs vastes mains palmées comme d'un manteau, elles dorment la tête en bas, accrochées par leurs mains de derrière au haut de quelque caverne ou sous quelque toit. L'enveloppe sensible qui les entoure est dans le sommeil leur unique sauvegarde. Mais cette enveloppe vaut mieux que ne vaudraient pour d'autres cent yeux et cent oreilles. L'approche du moindre péril

La chauve-souris.

leur est révélée, et aussitôt elles s'envolent avec une prestesse merveilleuse. Leur vol saccadé de gauche à droite, de haut en bas, fait leur sécurité dans la fuite, leur force dans la poursuite. Le moucheron ne peut ni prévoir leur marche ni s'en garantir.

La chauve-souris ne va ni au midi ni au nord; elle se dirige de tous les côtés à la fois. L'hirondelle a le brusque détour, la chauve-souris seule a le vol en zigzag. Voilà ce qui la rend si précieuse pour le cultivateur, voilà ce qui lui permet de détruire tant de phalènes, tant de mouches nocturnes. Elle commence sa tâche chaque soir, précisément à l'heure où l'hirondelle achève la sienne. Grâce à cette alternance, nos moissons ne restent pas un instant sans surveillance. Au point du jour, les chauves-souris regagnent leurs retraites. Elles s'y réunissent en groupes nombreux, et forment, suivant la disposition des lieux, ou d'humbles bourgades ou de vastes cités. Elles dorment serrées les unes contre les autres; mais ne vous figurez pas que les longs jours d'été se passent tout entiers à dormir.

J'eus plusieurs années, au-dessus de ma chambre, à la campagne, une peuplade de chauves-souris : elles étaient là environ quatre cents. (Elles avaient leur entrée au-dessus de la fenêtre, et je pouvais à leur sortie aisément les compter.) Au matin, dès l'aube, je les voyais rentrer; mais on ne se mettait pas tout de suite à dormir, j'entendais mille bruits, mille chuchotements : il y avait là certainement du jeu, du travail, des affaires privées et publiques. On allait, on remuait, on courait; le silence ne se faisait qu'aux heures chaudes du jour, quand le soleil était sur la maison.

Si nous savions mieux combien de phalènes répandent, la nuit, sur nos végétaux, les semailles perfides d'où sortiront, pour les dévorer, des légions de chenilles et de vers, nous ne nous contenterions pas de ne point faire la chasse aux chauves-souris, nous les protégerions, nous les appellerions dans nos villages, nous leur ménagerions des retraites dans nos bâtiments; nous saurions surtout ne donner asile qu'aux espèces insectivores, car il y en a parmi elles qui se nourrissent de fruits : il ne faudrait donc pas les protéger toutes indistinctement.

Mais qui apprendra au cultivateur à connaître les bonnes espèces?

Rien de plus facile. Les chauves-souris se réunissent toujours en grand nombre; on remarque au-dessous des voûtes et des toits où elles s'accrochent pour dormir, une couche de guano. Si dans ce guano vous trouvez entassées les ailes de moucherons, vous avez affaire à des mangeuses d'insectes. Respectez-les!

Nos savants actuels, lorsqu'ils traitent de la chauve-souris, sont quelquefois bien durs pour les pauvres savants d'autrefois; ils ne craignent pas d'humilier Aristote lui-même. Il a classé, disent-ils en riant, la chauve-souris parmi les oiseaux!

Eh ! messieurs, qu'entendait-on par oiseau du temps d'Aristote? Tout être présentant un ou plusieurs des caractères suivants : faculté de voler, corps couvert de plumes, un bec ou l'oviparité. Tout animal présentant un de ces caractères était un oiseau. Aussi Aristote dit-il très-bien qu'il y a des oiseaux sans plumes, qui ont une bouche, des mamelles, et mettent au monde leurs petits vivants. Autrefois aussi on appelait *poisson* tout ce qui vit dans l'eau. Mais on savait bien dès lors qu'il y a des poissons mammifères ou porte-mamelles. Toutes ces distinctions, toutes ces classifications, si utiles, si indispensables qu'elles soient, ne sont pourtant pas le fond de la science.

Aldrovande, le premier, eut l'idée de séparer les chauves-souris des oiseaux ; mais voyez la belle classification : il les mit dans un groupe à part avec les autruches. C'est pour lui un groupe d'oiseaux anormaux, c'est-à-dire d'oiseaux dont les uns ne volaient pas, et dont les autres n'avaient ni bec ni plumes. Au XVIIe siècle encore, dans la plupart des dictionnaires, on définissait les chauves-souris *oiseaux de nuit*. La Fontaine, si bon observateur, en fait lui-même un être ambigu :

> Je suis oiseau, voyez mes ailes.
> Je suis souris, vivent les rats !

Buffon n'a connu que bien imparfaitement ces êtres admirables que le génie de Linné a su enfin apercevoir. Après lui, Etienne Geoffroy-Saint-Hilaire, puis son fils Isidore, sont venus continuer ses observations. L'anatomie de la chauve-souris, et surtout les merveilles de sa main, unique au monde, nous sont maintenant démontrées. Ce qu'on ne connaît pas assez peut-être, du moins au point de vue agricole, ce sont les mœurs de la chauve-souris. Sa vie, en dehors de ses retraites, est tout aérienne. Aussi voyez-la, lorsque, par accident, elle tombe sur le sol, sa démarche est embarrassée et gauche.

« Repliant ses membres antérieurs contre son corps, dit M. Victor Meunier (*Encyclopédie nouvelle*), elle marche bien à la manière des quadrupèdes, mais, par suite des proportions de ses membres, chaque pas qu'elle fait la renvoie successivement à droite et à gauche : ce n'est qu'en compensant ces directions opposées qu'elle parvient à cheminer en ligne droite. Et cependant, ce mode de locomotion, quelque bizarre et fatigant qu'il semble, elle paraît l'exercer avec plaisir; car, lorsqu'elle ne redoute aucun danger, on la voit souvent s'y livrer dans l'intérieur de ses cavernes. D'ailleurs, sa démarche, quelque gênée qu'elle soit, n'exclut pas l'agilité; la chauve-souris court, et ce n'est pas sans une certaine prestesse qu'on parvient à s'en emparer. Mais si elle a trouvé quelque éminence d'où ses ailes développées puissent trouver sur l'air ambiant un point d'appui suffisant, si elle est parvenue à s'élever au-dessus de quelque mur en s'y accrochant de ses griffes, ou si le danger la menace pendant qu'elle se livre au repos, suspendue à son nid, bientôt elle a étendu ses ailes immenses, bientôt l'extrême promptitude de son vol l'a transportée à de grandes distances.... »

Les chauves-souris ont été connues dans tout le moyen-âge sous le nom de *ratepenades* (rats ailés); c'est encore par ce nom que Rabelais les désigne.

Les ratepenades peuvent s'apprivoiser, et l'on en cite de nombreux exemples.

Ajoutons ce trait de mœurs : chaque mère, en volant, emporte son petit, qui, par ses mains de derrière, se tient cramponné à son sein et pend la tête en bas, offrant l'aspect le plus bizarre.

Buffon a écrit sur les chauves-souris des puérilités qui étonnent et affligent de la part d'un aussi grand esprit. Il voit en elles un animal « à demi quadrupède, à demi volatile, » qui, n'étant « en tout ni l'un ni l'autre, est, pour ainsi dire, un monstre. » Et il écrit sur ce thème deux ou trois pages capables, si c'eût été possible, de déshonorer son génie. Il est vrai qu'alors Etienne Geoffroy-Saint-Hilaire n'avait pas enseigné qu'il n'y avait point de monstre. N'oublions pas quelle lumière s'est faite depuis Buffon ; n'oublions pas surtout que la science doit être de plus en plus le commun patrimoine. C'est en nous y mettant tous que nous lui donnerons sa puissance, et que nous la verrons transfigurer le monde. Les chauves-souris, comme toutes les bêtes, n'ont eu jusqu'ici qu'un très-petit nombre d'observateurs ; il faut qu'elles en aient dans tous les villages.

Quelle utopie ! direz-vous. Mais attendez, messieurs, attendez !

LA MUSARAIGNE.

La musaraigne (*souris-araignée*) est le plus petit des mammifères. Les gens de la campagne, qui la connaissent sous le nom de *musette*, lui attribuent, comme au hérisson et comme à tant d'autres animaux, des crimes imaginaires. Ils croient sa morsure dangereuse, et se figurent qu'elle cause aux chevaux ces enflures auxquelles ils sont sujets dans leur vieillesse, lorsqu'ils habitent des écuries humides et malpropres. Ils lui reprochent de dévorer le grain dans les granges.

Est-elle tout à fait innocente de ce côté? Je n'oserais l'affirmer, quoique la musaraigne soit certainement un insectivore; mais en hiver, quand elle ne trouve plus aux champs

> Le moindre petit morceau
> De mouche ou de vermisseau,

il se pourrait bien que, pressée par la faim, elle enfreignît les lois de sa propre nature et se résignât à vivre de froment : les batteurs en grange affirment qu'il en est ainsi. Mais, même en accordant quelque chose sur ce point, nous devons témoigner de ce fait très-certain que la musaraigne fait en été une chasse incessante aux bestioles.

Ce qu'on ne sait pas encore assez, faute d'observations attentives et suivies, c'est si parmi les insectes elle ne dévore pas de préférence ceux qui nous rendent service.

Ce n'est pas tout, en effet, que de dire d'un oiseau, d'un mammifère, d'un lézard : « C'est un insectivore. » Puisqu'il y a des insectes utiles, il faut savoir encore s'il n'aurait pas pour ceux-là quelque préférence funeste.

Les plus innocentes bestioles en apparence peuvent causer quelquefois de véritables désastres. Pour juger les êtres qui nous entourent, nous ne les avons point encore suffisamment observés dans leurs habitudes, dans leurs mœurs, dans leurs combats, dans leurs jeux.

Il ne faut pas croire qu'ils ne tuent que pour manger ; ils se livrent les uns aux autres des batailles qui semblent n'avoir d'autre mobile que le point d'honneur. Ces batailles n'en sont pas moins exterminatrices.

La musaraigne.

Malheureusement, les musaraignes, comme tant d'autres animaux, ne sont jugées encore que d'après leur système dentaire. Ce n'est point assez. Il faudrait que quelqu'un s'occupât de les regarder vivre. Les savants ont trop l'habitude de s'en tenir au cadavre; aussi que de faits inobservés encore auront à constater les observateurs pratiques !

Ne craignons pas de répéter que, touchant les mœurs

des animaux, nous ne savons presque rien. C'est là pourtant ce qu'ont besoin de savoir les cultivateurs et les horticulteurs.

Donc il faut, jardiniers mes amis, que, dans vos plates-bandes, dans vos serres, vous ayez toujours l'œil et l'oreille au guet. Votre attention ne saurait être un instant suspendue : insectes, mollusques, rongeurs, tout vous menace dans le sol et dans l'air. Hélas! vous auriez besoin de ne jamais dormir.

Les *musettes* même, sans qu'on les voie, se reconnaissent à leur petit cri, et aussi à leur mauvaise odeur, qui est cause que les chats ne les mangent pas, quoiqu'ils leur fassent une chasse active et meurtrière.

Par leurs petits yeux presque imperceptibles, les musaraignes se rapprochent de la taupe; comme les chauves-souris, elles ont la faculté de fermer leurs oreilles; mais elles ne peuvent, comme la chauve-souris, se fermer le nez.

Il existe une petite musaraigne d'eau, bête des plus jolies et des plus actives à la pêche. Rien de plus singulier et de plus amusant que ses incessantes manœuvres; elle plonge avec une grâce dont on ne peut être témoin sans plaisir. La musaraigne aquatique est certainement un excellent expurgateur des eaux, et je la crois utile dans les réservoirs où l'on élève de petits poissons ; encore ne voudrais-je pas répondre qu'au sortir de l'œuf, elle ne croque les petits poissons eux-mêmes ; mais il est aisé, dans leur première enfance, de les garantir, s'il y a lieu, contre les musaraignes et contre leurs autres ennemis, et la musaraigne, lorsqu'ils seront abandonnés à eux-mêmes dans les rivières, les délivrera de mille ennemis redoutables.

Les musaraignes sont, en général, faciles à prendre à la main, parce qu'elles courent mal et peut-être aussi parce que la peur les paralyse. Les gens de la campagne sont sans pitié pour elles, tant ils les croient affamées de leurs grains et dangereuses pour leurs bestiaux. Faisons donc en sorte qu'ils voient et jugent par eux-mêmes du rôle que jouent dans leurs champs et leurs granges ces jolis animaux, afin qu'un jour vienne où la fable ne l'emporte plus sur la réalité.

Et vous surtout, horticulteurs, ne laissez passer aucune occasion d'observer dans vos jardins et dans vos serres les mœurs et usages de toute bestiole.

LES RATS.

J'avais pris la résolution de ne rien dire de ce grand peuple rat ; d'abord, parce que la double histoire naturelle et politique de ce peuple est une grosse affaire, et puis parce qu'il y a dans ses annales trop de lacunes, et qu'il serait très-difficile de prononcer un jugement sur ces animaux. J'essaierai cependant de réunir ici quelques notes qui, peut-être, serviront aux futurs historiens de Ratapolis.

Les rats, souris, loirs, mulots, surmulots, campagnols, appartiennent à la famille des rongeurs, famille qui contient les plus intelligents, les plus gracieux animaux, et dans laquelle on regrette d'avoir des ennemis. Le lérot, la marmotte, le castor, l'écureuil, sont de cette famille ; le lièvre est aussi un rongeur, de même que le lapin et le hamster, deux animaux que l'on ne peut, malgré le mal qu'ils nous font, s'empêcher d'aimer.

Les rats.

La plupart des rongeurs se servent de leurs pieds de devant comme de mains, pour porter à leur bouche et pour éplucher ce qu'ils mangent. Les souris, les rats d'eau prennent parfois, au bord de leurs trous, des attitudes qui les font ressembler à de petits singes. Quelques-uns ont l'heureuse faculté de dormir comme des philosophes, pendant tout l'hiver.

Nulle histoire plus curieuse et plus pathétique que

celle des rats ; par malheur, on ne la connaît guère : ce peuple n'a le goût des archives que pour les manger.

Durant toute l'antiquité, les rats furent inconnus en Europe, et ils n'y sont apparus qu'au moyen-âge; les Grecs et les Romains n'eurent que les souris.

Ce que bien des personnes ignorent, c'est que le rat du moyen-âge, qui était le vrai rat, a péri presque entièrement, dévoré par une invasion de surmulots, qui sont nos rats actuels.

Ces nouveaux venus, originaires de la Perse et de l'Inde, furent importés par les bateaux du commerce, sans qu'à l'origine on y ait pris garde.

Sur les détails et la date de ces invasions, les naturalistes ont un aplomb rare : on croirait, à les entendre, que registre a été tenu par les envahisseurs ou par leurs victimes ; on croirait que leur entrée chez les différents peuples a été dûment et solennellement constatée.

Plusieurs livres nous les montrent arrivant ici ou là à jour fixe.

C'est ainsi que, sans nulle hésitation, on les fait envahir la Russie en 1727, l'Angleterre en 1730, la France en 1750.

Des luttes effroyables se seraient engagées, aux dates ci-dessus, entre les anciens rats (ou rats noirs) et les surmulots (ou rats gris), et la victoire partout serait restée aux derniers.

Voilà qui est admirable ; mais je doute que les choses se soient passées ainsi.

Le rat noir, plus petit que le rat actuel, moins vorace, plus intelligent, plus sociable, de mœurs moins sordides, était partout en possession de nos greniers, lorsque quelques rats gris furent, par les navires, introduits dans nos ports. Ceux-ci s'établirent aux lieux sombres, humides, infects, et, de proche en proche, se répandirent dans les caves, dans les ruisseaux souterrains, dans les tueries, boyauderies, etc. Il semble qu'ils eussent pu vivre en bonne intelligence avec les rats noirs, les uns en bas et les autres en haut ; mais il n'en fut pas ainsi : les rats gris, poussés par un appétit incessant et terrible, attaquaient, dévoraient les rats noirs. On s'assemblait par troupes de part et d'autre ; mais la lutte, presque toujours, devenait impossible pour les rats noirs ; alors ils se réunissaient de tout un quartier, de toute une ville, et quittaient le pays. On les rencontrait couvrant la campagne.

> Or, une certaine année
> Qu'il en était à foison,
> Leur roi, nommé Ratapon,
> Mit en campagne une armée.

La Fontaine n'a si bien dit ces migrations que parce qu'il les avait vues : de vingt à quarante-quatre ans, en sa qualité de maître des eaux et forêts, il vécut au milieu de la campagne, et put alors, comme personne ne l'avait fait avant lui, observer les animaux en leur libre existence.

Evidemment ces invasions et ces guerres commencèrent longtemps avant l'époque où les naturalistes eurent l'occasion de les constater.

On lit, en effet, dans le volume de M. Edouard Fournier, intitulé : *Chronique et Légendes des Rues de Paris*, que l'*avant-garde* des invasions des surmulots fut aperçue à Paris vers 1647, un peu avant la Fronde, et qu'elle y donna lieu à toutes sortes de pronostics terribles sur les effets de la colère divine. A cause de l'effroi qu'ils causèrent, on leur donna le nom de *Vulcains*, bien que cette qualification se fût mieux appliquée aux rats noirs, leurs prédécesseurs. Ces derniers n'ont pas, comme on l'a dit quelquefois, entièrement disparu. Quelques départements en possèdent encore, parmi lesquels je pourrais citer la Seine-Inférieure. Du reste, il n'est pas rare de voir les rats émigrer par troupes nombreuses sans qu'aucun ennemi les pourchasse ; la famine souvent les force à quitter le pays :

On les avait contraints à partir sans argent !

Leur fécondité en est cause. Telle espèce de rat fait, par an, cinq ou six portées de douze à dix-huit petits ; ce qui donne, pour chaque femelle, un total de soixante à cent huit petits.

A Montfaucon, naguère encore, ils étaient si nombreux, et fouillaient à tel point le sol, qu'il en résultait de vrais tremblements de terre ; des maisons et des murs s'écroulèrent. Dans les égouts de Paris on les tue chaque année par centaines de mille.

Ces animaux ne savent pas un seul instant résister à la faim ; dès que les vivres manquent, ils se dévorent entre eux.

Cependant n'exagérons rien, et ne croyons pas Magendie lorsqu'il raconte qu'ayant été chercher à Montfaucon douze rats vivants dont il avait besoin pour faire ses expériences, il n'en trouva plus que trois en arrivant chez lui ; en quelques instants ces trois rats en avaient mangé neuf. Magendie retrouva, dit-il, les neuf queues dans la boîte où il les avait enfermés.

Que Magendie ait inventé cette bourde, cela n'a rien de surprenant ; mais ce qui est incroyable, c'est que quantité de savants l'aient répétée de la meilleure foi du monde.

Il faut déplorer, sur bien d'autres points, cette facilité

avec laquelle quelques écrivains, même parmi les plus illustres et les plus honorables, admettent sans critique, et sur les plus légers témoignages, les faits les plus invraisemblables.

Le rat gris, ou plutôt le surmulot (c'est le nom que lui a donné Buffon), dans le courant du siècle dernier (ceci est bien certain), envahit l'Europe entière. Avec ce qu'il y a détruit depuis cette époque, on édifierait un petit royaume.

Les surmulots ne sont pas seulement des animaux voraces et cruels, ce sont les plus immondes de tous les mammifères. L'art de les détruire, qui est encore dans l'enfance, devrait être, ce semble, un des plus honorés. Les piéges, les ratières, les quatre-en-chiffre, les trébuchets et les reginglettes ne sont que joujoux bons pour les souris peut-être, mais insuffisants pour les légions de surmulots, qui dévorent, bouleversent, détruisent meubles et immeubles. On emploie contre eux le poison, le verre pilé, les éponges hachées ; on en fait, dans les égouts des villes, des massacres effroyables, et cependant, d'année en année, partout ils semblent devenir plus nombreux. Les chats en ont horreur, et l'on en voit fuir à l'aspect du rat gris, non par lâcheté, mais par dégoût. Si le combat s'engage, le chat étouffe à la hâte le surmulot et laisse là son cadavre. Bien différente était sa conduite avec le rat noir : le combat avec ce joli animal était pour le chat une vraie fête ; il la prolongeait à plaisir ; il aimait à voir l'adversaire se défendre, se faisait un jeu cruel de ses résistances, de ses luttes, de ses ruses ; finalement, il le croquait avec délices. Mais un chat bien élevé n'enfonce point sa dent fine et délicate dans la chair d'un rat gris.

Les surmulots sont très-nombreux en Russie. Dès l'année 1727, ils s'y étaient établis en quantités si considérables, qu'ils faillirent mettre en fuite les habitants d'Astrakhan. Leurs légions étaient venues, dit-on, des déserts de l'Ouest, et avaient traversé le Volga.

Leur présence en France ne fut constatée par les naturalistes que vers le milieu du dernier siècle. On les signala d'abord aux environs de Paris, à Versailles, à Chantilly, à Marly. Mais étaient-ils nés là spontanément? N'était-il pas évident qu'ils avaient dû peupler primitivement les villes maritimes et leurs environs? Seulement ceux qui les aperçurent les premiers n'eurent ni l'occasion ni la pensée, peut-être, de consigner le fait dans les gazettes ou les archives scientifiques du temps. Pour être *découverts*, il fallut que les rats gris vinssent d'eux-mêmes à Paris se présenter aux savants et leur ronger leurs robes. Mais que de ravages, avant d'en venir là, ils avaient déjà causés dans les navires, dans les ports et dans quelques campagnes!

Les campagnols, moins gros que les surmulots, sont aussi moins cruels. Ils ont les mœurs rustiques de paysans laborieux, prévoyants et avares; ils se creusent sous terre de vastes magasins, qu'ils emplissent de blé, d'orge, de faînes; malheureusement ces magasins se garnissent aux dépens de nos granges. On assure que dans la seule Vendée, il y a une soixantaine d'années, ils firent en deux ans pour 2 millions de dégâts.

J'ai frémi en lisant les détails de ce désastre, rapporté par M. Doyère dans l'*Encyclopédie nouvelle.*

Lorsque, par leurs légions trop multipliées, les campagnols ont mis la disette dans une contrée, ils se réunissent comme les surmulots, et ils émigrent par troupes innombrables, dont le défilé dure parfois deux heures. Ils n'ont à leur tête ni tambour ni musique; à cela près, c'est vraiment une armée en marche. Ce sont surtout les rats du Kamtchatka qui émigrent ainsi. Ils vont, pleins de résolution, vers le Ponant, se faire tuer ou vaincre.

Sus! sus! courons aux armes!
Quelques rates, dit-on, répandirent des larmes.

N'importe, rien n'arrête un si noble projet;
Chacun se met en équipage,
Chacun met dans son sac un morceau de fromage,
Chacun promet enfin de risquer le paquet;
Ils allaient tous comme à la fête.

Ils étaient partis 100,000 au printemps, ils reviennent fort penauds 4 ou 5,000 à l'automne.

Qui le croirait? les Kamtchadales célèbrent leur retour par des réjouissances publiques. Les campagnols leur ramènent les mammifères à fourrure, qui les suivent pour les dévorer. Les rats sont donc au Kamtchatka bêtes providentielles.

Au point de vue agricole, la question importante touchant les surmulots et les campagnols serait celle de leur destruction; malheureusement on n'y emploie encore que des moyens tout à fait primitifs. Les quatre-en-chiffre, que Buffon propose de placer de dix en dix pas dans la campagne, sont un attirail aussi risible qu'impuissant.

Je me demande si, lorsque la pile électrique sera dans les maisons de campagne un instrument aussi usuel que les armes à feu, on ne s'en servira pas pour foudroyer d'un coup ces armées de rongeurs. Si déjà on peut pressentir qu'un jour on emploiera ce moyen de destruction (le plus rapide et, partant, le plus humain qui se puisse imaginer), on ne saurait indiquer encore les moyens de le mettre en pratique.

Mais, attendez ! sur ce point et sur bien d'autres, vous verrez, dans vingt ans, ce qu'on aura su faire de l'électricité. Pour assister au renouvellement de toutes choses autour de nous, il ne faut plus qu'un peu de patience. Nos enfants riront bien lorsqu'ils entendront parler des temps gothiques où l'on ne connaissait que les piéges, les reginglettes et la mort-aux-rats.

Les rats, dont tout le monde a horreur, ont su quelquefois se faire aimer, surtout par nos soldats, qui les trouvaient intelligents et dociles. Les zouaves d'Afrique et de Crimée auraient à nous apprendre sur ces animaux des choses très-curieuses et très-utiles.

Quant aux souris, si jolies, si familières, si attachées à nos habitations, on aimerait à les trouver innocentes.... Mais, hélas ! elles rongent tout ; et le chat, à cause d'elles, est devenu pour nous un hôte indispensable.

LES MUSTELLES.

Martres, fouines, putois, belettes, composent en grande partie la famille des mustelles. Leurs ravages, comme ceux du renard, ne s'exercent que sur le poulailler, la volière ou le clapier ; mais ces ravages, par leur fréquence, sont un des ennuis du fermier et surtout de la fermière. Pour comprendre l'espèce de colère qu'ils inspirent aux gens de la campagne et la guerre acharnée qu'on leur fait en tous lieux, il faut avoir vu par ses yeux les horribles carnages que peuvent, en une nuit, accomplir ces animaux cruels et rusés, qu'un vieil auteur appelait « bêtes au cœur félon. »

A les prendre par ordre de grandeur, la première des mustelles est la martre ou marte, bête nocturne, solitaire, silencieuse et méfiante, qu'on aperçoit fort rarement, et dont la présence dans une ferme ne se manifeste que par les massacres qu'elle y accomplit. Elle n'exerce pas ses ravages seulement dans la basse-cour, elle fait la chasse aux oiseaux, mange leurs œufs, qu'elle va chercher jusque sur les branches des arbres les plus hautes et les plus flexibles. Heureusement pour la gent volatile, les martres ne se multiplient qu'assez lentement. Elles n'ont qu'une portée par an (au printemps), et ne font que deux ou trois petits. Aussi, sans leur extrême prudence, auraient-elles probablement disparu depuis longtemps, car les habitants de la campagne les chassent infatigablement, d'abord à cause du mal qu'elles font, et ensuite à cause de leur fourrure. La martre dépose quelquefois ses petits dans le creux d'un arbre; mais elle n'a recours à ce genre de logis que lorsqu'elle n'a pu trouver dans son voisinage le nid de quelque écureuil dont elle s'empare, après en avoir félonement expulsé le propriétaire.

La fouine, autre mustelle, un peu plus petite que la martre, n'est pas moins terrible dans les poulaillers, et elle est d'ailleurs un peu plus commune, peut-être parce qu'elle est plus féconde; peut-être aussi parce que sa fourrure étant moins recherchée que celle de la martre, on lui fait une chasse moins active. Elle a plusieurs portées par an, et s'établit, pour élever sa famille, soit dans les arbres creux, soit dans des trous de muraille, sur un lit de mousse. On la trouve aussi quelquefois dans les greniers ou granges.

Parmi les mustelles, nous trouvons encore une autre « bête au cœur félon », c'est le putois ou puant, qui, pour la taille, tient à peu près le milieu entre les deux précédentes, mais qui peut marcher *ex æquo* pour les instincts malfaisants. Son nom de putois indique, par son radical *put*, le dégoût qu'il inspire : il pue et déplaît. Le putois se loge à l'aventure, le moins mal qu'il peut, dédaignant tout travail honnête et n'ayant de goût que pour la paresse et le crime. Parfois il chasse de son terrier le pauvre Jean Lapin, et s'y établit à sa place, n'en sortant que la nuit pour accomplir toutes sortes de mauvaises actions. Celui-ci ne s'attaque pas seulement aux volailles, il fait (surtout en hiver) la chasse aux abeilles. On trouverait difficilement une bête plus cruelle et plus malfaisante : quand il entre la nuit dans un poulailler ou dans une garenne, il commence par tout égorger. Le jour, au milieu des champs, il s'élance comme un trait sur les lièvres, dit M. Pouchet, et, s'attachant à leur cou, malgré leur fuite, ne les abandonne que morts ou épuisés. Inférieur par la force aux tigres et aux panthères, le putois est certainement leur égal par la férocité.

La belette est la plus petite, mais en même temps la plus jolie et la plus malicieuse des mustelles. Tout en elle est grâce et prestesse : sa marche singulière par petits bonds rapides semble la rapprocher de l'oiseau ; cependant on ne lui voit point d'ailes; mais ses petites pattes disparaissent cachées sous son corps recourbé en arc, et l'on ne sait si elle touche la terre. Il est presque impossible de ne pas sourire en la voyant si plaisamment bondir. On sent chez la belette je ne sais quoi d'aimable qui semble indiquer que cette charmante bête n'est faite que pour être aimée. Buffon raconte une histoire de belette apprivoisée dont le plus grand plaisir, quand elle se savait regardée, était de se livrer à mille gentillesses, pour le seul besoin de plaire. N'y a-t-il pas là quelque indice secret que la belette est faite pour la familiarité et le service de l'homme? Les chasseurs ont tiré parti d'une autre mustelle (le furet) devenue depuis longtemps domestique; pourquoi n'utiliserait-on pas aussi la belette? On sait que sa chasse préférée est la chasse aux vipères. Dans ces derniers temps, un habile observateur a pu voir comment la belette se préserve du venin des vipères en mâchant, lorsqu'elle en est mordue, des feuilles de pet-d'âne (*onopordon acanthium*) ou des tiges de verveine. Il est vrai que cette observation avait été faite déjà par Aristote.

Comment se fait-il donc que l'idée ne soit encore venue à personne d'utiliser cet heureux instinct? Je ne puis me figurer que la belette ne soit pas destinée à devenir pour l'homme un précieux domestique; elle semble d'elle-même rechercher nos habitations et demander de se mettre avec nous en communauté d'existence et d'intérêts. Frileuse, elle serait bien aise, en hiver, de vivre à notre foyer; friande et sensuelle, elle se laisserait volontiers nourrir et caresser par nous : l'abstinence est pour les belettes un supplice. Admises parmi nous, elles seraient charmées de se rendre utiles, soit en faisant la guerre aux souris, soit en nous amusant de leurs gentillesses.

La belette n'a peut-être été mise au nombre des ennemis du cultivateur que parce qu'on l'a méconnue et rejetée loin de nous inconsidérément. On ne pense qu'à tuer cette mustelle gracieuse; il eût été plus sage de lui donner une éducation convenable. A l'état sauvage, la plupart de nos animaux domestiques bien probablement ne la valaient pas.

On propose de sacrifier à la destruction des vipères des sommes considérables, et l'on ne songe pas que nous avons dans nos campagnes des chasseurs de serpent, belettes, hérissons, cigognes, qui ne demandent qu'à nous en délivrer gratis.

Nous avons en tout huit ou dix bêtes domestiques ; nous pourrions en avoir dix fois plus. Les anciens avaient su dresser les dauphins pour la pêche maritime ; nous pourrions, pour la pêche en eau douce, utiliser la loutre. Le moyen-âge eut le faucon pour la chasse aux oiseaux. Nous pourrions avoir des bêtes pour tout faire. Bientôt sans doute l'agami jouera auprès des volailles le rôle de berger. La testacelle, ce joli mollusque destructeur de vers et d'insectes, ne sera plus confondue par nos jardiniers avec la limace, dont elle ne diffère que par l'espèce de petit test en forme de bouclier qu'elle porte vers l'extrémité de son corps.

Mais, pour en revenir aux mustelles, puisque l'on a déjà tiré de cette famille mal famée un serviteur utile, le furet, espérons que la belette pourra aussi quelque jour être casée honorablement.

Du reste, le moyen-âge avait cherché à utiliser la belette ; mais on n'imaginerait pas de quelle manière : on en voulait faire un médicament. Ecoutez à cette occasion ce qu'en écrit un médecin italien du XVIe siècle, Mattioli :

« La belette, dit-il, qui hante ordinairement les maisons, brûlée, éventrée, salée et desséchée à l'ombre, prise en breuvage du poids de deux drachmes avec du vin, c'est un souverain remède contre tous venins de serpents, pareillement contre tout poison. Son estomac farci de coriandre, et ainsi gardé, si on en boit, sert grandement contre les piqueures des serpents et contre le haut mal. Estant brûlée dans un pot de terre, est fort bonne aux gouttes, si on applique la cendre avec du vinaigre. Le sang aussi est bon aux écrouelles, si on les en frotte. »

Pourquoi Molière n'a-t-il pas connu les œuvres de Mattioli ?

Le blaireau, dont je dois dire aussi quelques mots, n'est point une mustelle, c'est une espèce de petit ours très-sauvage, très-solitaire, très-philosophe aussi, je crois, qui se creuse dans nos bois, aux recoins les plus impénétrables, de longs terriers tortueux dont il ne sort que fort peu et à nuit bien close. Le prudent animal semble glisser plutôt que marcher, tant ses pieds sont courts et perdus dans son poil brun, qui ne permet qu'à grand'peine de l'apercevoir, même à deux pas. Où va-t-il dans ses promenades nocturnes? Hélas ! au poulailler quelquefois, car, il faut bien l'avouer, il aime les œufs ; le miel aussi réjouit ce solitaire, et il n'est pas sans exemple qu'il ait mangé même les abeilles. En revanche, il mange les sauterelles et les serpents. Peut-être en pourrions-nous aussi faire une bête utile : on dirait souvent qu'il ne demande qu'à s'instruire.

Le blaireau, quoique d'apparence inquiète et timide, est très-brave : attaqué par les chiens, il se couche sur le dos, et des dents, des ongles il se défend avec une intrépidité qui lui sauve quelquefois la vie.

Le blaireau.

Ces petits ours philosophes, fort peu à craindre après tout et très-peu nombreux, ne font, par an, que trois ou quatre petits. S'ils sont des ennemis pour le cultivateur, ce sont des ennemis bien peu redoutables.

Il faut d'ailleurs ajouter à l'avoir de ces animaux qu'ils font une chasse active aux hannetons et à leurs larves.

L'ÉCUREUIL.

« Dis qui tu hantes, on te dira qui tu es. » Voici un petit animal charmant qui, comme vous et moi, appartient à la classe des mammifères ; mais il vit dans les arbres avec les oiseaux, et peu s'en faut que dans cette *hantise* il ne soit devenu lui-même presque un oiseau. Son nid, tout semblable au nid des oiseaux, de forme sphérique, avec une ouverture à la partie supérieure, ouverture qu'il recouvre d'un toit pour préserver de la pluie ses petits, son nid est tissu de mousse et de bûchettes entrelacées. Ce nid, solidement attaché à la fourche de quelque branche, n'empêche pas qu'il ne se construise de petits terriers au pied des arbres pour y placer ses provisions d'hiver : faînes et noisettes. Les creux d'arbre souvent aussi lui servent de magasin.

Vif, léger, intelligent, soigneux de sa personne, sociable, ami du plaisir, causeur, bruyant, plein de gaîté, c'est presque un oiseau, c'est presque un quadrumane; assis élégamment sur son petit derrière, sa belle queue relevée comme un panache ou comme un dais au-dessus de sa tête, il se sert de ses mains pour manger, à la façon des singes.

L'écureuil.

Il saute et semble voltiger sur la cime des plus grands arbres, et, de branche en branche, parcourt les forêts, sans mettre jamais pied à terre. Innocent de mœurs, docile et caressant, tout de suite, lorsqu'on l'attrape au piége, il s'habitue avec l'homme, semble même heureux d'être en sa compagnie, et le voilà qui fait tout pour lui plaire. Il saute, il danse, fait des mines, prend de jolies poses, essaie de parler, de chanter et de rire. Ses yeux ardents et pleins de feu n'ont de comparables pour la vivacité que les yeux des oiseaux ; mais pour l'expression, ils égalent, s'ils ne les surpassent, ceux du chimpanzé.

Les écureuils ont de tout temps attiré l'attention par leur intelligence ; ils passent pour avoir, avant l'homme, inventé la navigation.

Quelquefois, en effet, sans qu'on en sache bien les raisons, on les a vus en troupes nombreuses passer d'une forêt ou d'un pays dans un autre. Si quelque rivière ou quelque fleuve s'oppose à leur passage, comme ils ont une peur terrible de mouiller leurs belles et longues soies, ils se construisent prestement des radeaux en écorce, et, dressant leur queue en guise de voile, ils passent ainsi d'une rive à l'autre. Regnard affirme qu'il vit en Laponie de ces jolies flottilles, et Linné a depuis confirmé le fait.

Quelles réflexions on pourrait faire ici ! Mais tenons-nous-en au mot de la Fontaine :

> Qu'on ose soutenir, après un tel récit,
> Que les bêtes n'ont point d'esprit.

LES RENARDS.

Le renard est, assurément, de tous les ennemis du cultivateur, le moins dangereux; ses ravages ne s'exercent que sur le poulailler; encore, dans les mois d'hiver, fait-il le plus souvent maigre; seul et tranquille durant cette période de l'année, il se recueille, médite, se promène et mange comme il peut. Il n'y a table mise au terrier que lorsqu'on y vit en famille, c'est-à-dire à peu près depuis le mois d'août jusqu'au mois d'avril; mais alors on y fait véritablement bombance; le père, la mère, les enfants, au nombre de quatre ou cinq, se livrent ensemble à de joyeux festins. La mère n'est heureuse que lorsqu'elle voit ses nourrissons repus. Gare alors aux fermes du voisinage! Elles sont dévastées, même en plein jour, avec une audace, une adresse et des ruses dont le fermier lui-même, tout en les déplorant, ne peut s'empêcher de rire.

Le renard.

Le renard est, en famille, pour tout ce qui l'entoure, plein d'attention et de cordialité; il aime à donner aux siens l'abondance et la joie. Le père et la mère font ensemble, avec habileté, l'éducation des enfants. C'est au terrier, entre soi, sans secours étranger, qu'ils aiment à tenir école. Renards en toute chose, ils ne se fient qu'à eux-mêmes; ils ont peut-être raison. On lit dans un vieux conte que messire loup voulut un jour établir chez eux une école, mais pas un seul renard ne lui envoya ses petits.

C'est aux chasseurs, beaucoup plus qu'aux fermiers, que le renard cause le préjudice; connaisseur en gibier, habile, alerte, infatigable, il tient le premier rang parmi les maraudeurs. De père en fils, il se transmet pour la chasse des secrets merveilleux auxquels chacun ajoute ce que lui suggère sa propre imaginative. De combien de moyens un renard se sert-il pour atteindre sa proie? Le magnétisme même ne lui est pas inconnu; il sait au besoin endormir ses victimes.

Bien que le renard détruise certainement quelques animaux nuisibles, il est impossible que les cultivateurs ne le placent pas au nombre des bêtes malfaisantes. On lui fait la chasse, on lui tend des piéges, on lance après lui les chiens, qui jamais ne se lassent de lui faire la guerre : en cela le fermier se fait le défenseur de ses poules; on n'y peut rien redire.

Un point le distingue entre tous les vauriens : il aime à mettre de la malice jusque dans ses plus mauvaises actions, et le maître moqueur se console de mal faire, en se persuadant que le dindon qu'il tue et qu'il mange était un sot parfaitement digne de cette destinée. Aussi ne commet-il point de délit sans préméditation; il est, en toutes ses démarches, diplomate, calculateur, dévot à lui-même; il observe, mesure, suppute, prévoit, tient compte des moindres circonstances : on dirait qu'il sait si les piéges sont tendus, les fusils chargés, les gardes aux aguets. Voilà pourquoi il réussit presque toujours à ne faire visite qu'aux lieux où on l'attend le moins.

Les paysans ont recours à la sorcellerie pour « brider le renard. » Le secret consiste à prononcer certaines paroles mystérieuses, en faisant trois fois le tour de l'espace qu'on veut interdire au mangeur de poulets. Un fermier naïf avait appris d'un de ses voisins les paroles qu'il faut prononcer. Il les mit en pratique aussitôt, et crut pouvoir désormais dormir sur l'une et l'autre oreille. Mais le vrai sorcier, ce fut le renard ; il profita de ce sommeil paisible, et vint la première nuit dans le poulailler du *brideur* faire une razzia terrible.

Bonnes gens, que ceci vous serve d'exemple ; il n'y a contre le fourbe nulle meilleure sorcellerie qu'une méfiance toujours éveillée. Ou ne dormez que d'un œil, ou fermez solidement les portes de vos poulaillers.

« Le renard, dit Buffon, est fameux par ses ruses, et mérite en partie sa réputation ; ce que le loup ne fait que par la force, il le fait par adresse, et réussit plus souvent. Sans chercher à combattre les chiens et les bergers, sans attaquer les troupeaux, sans traîner les cadavres, il est plus sûr de vivre. Il emploie plus d'esprit que de mouvement; ses ressources semblent être en lui-même : ce sont, comme on le sait, celles qui manquent le moins. Fin autant que circonspect, ingénieux et prudent même jusqu'à la patience, il varie sa conduite; il a des moyens de réserve qu'il sait n'employer qu'à propos. Il veille de près à sa conservation. Quoique aussi infatigable et même plus agile que le loup, il ne se fie pas entièrement à la vitesse de sa course; il sait se mettre en sûreté, en se pratiquant un asile où il se retire dans les dangers pressants, où il s'établit, où il élève ses petits; il n'est point animal vagabond, mais animal domicilié. »

LES LOUPS.

Le loup est le plus fort de nos grands carnassiers ; il est le mieux armé, le plus léger, le plus agile. En courant, il emporte un mouton et saute avec sa proie par-dessus les parcs. Il joint à la force l'intelligence et la ruse ; il pourrait vivre en roi dans les forêts d'Europe, et cependant il n'y joue guère d'autre rôle que celui d'un rôdeur misérable, hargneux, maigre, chétif, affamé. La nature l'a traité en seigneur ; mais le seigneur loup, tout en étant le plus fort de nos mammifères, en est aussi le plus poltron. Sa vie est un accès de peur incessante : si du moins le danger seul l'effrayait, ce ne serait rien ; mais tout est pour lui sujet de terreur. Un bruit, une étincelle, une ombre, un rien l'épouvante. Il semble qu'il ait une vague horreur de lui-même, et que parfois il se lasse d'être pour tous un objet de réprobation. C'est un brigand sans audace, un assassin à la fois cruel et craintif, cruel pour les autres, craintif pour lui-même. En vue de reconquérir l'estime, et par elle la sécurité, volontiers comme *Tartufe*, il dirait au mouton : Oui, mon frère, je suis un méchant, un coupable, etc.

Le plus grand de nos naturalistes, la Fontaine, a peint on ne peut mieux les hésitations et les embarras de ce pénitent hypocrite :

> Un loup rempli d'humanité
> (S'il en est de tels dans le monde)
> Fit un jour sur sa cruauté,
> Quoiqu'il ne l'exerçât que par nécessité,
> Une réflexion profonde.
> Je suis haï, dit-il, et de qui? De chacun.
> Le loup est l'ennemi commun.

Vous connaissez la suite ; mais relisez les autres endroits de ses fables où la Fontaine met en scène le loup, et vous verrez qu'un siècle avant Buffon il en avait fait une peinture parfaite. Le loup est l'éternel trembleur qu'une feuille en tombant effarouche, et que le chant des cigales volontiers ferait fuir. Objet de terreur pour tous, il est lui-même le plus terrifié de tous les êtres. Buffon n'a rien dit de plus complet ni de plus exact que la Fontaine, quoiqu'il ait très-bien dit et qu'il faille aussi le citer :

Le loup.

« Le loup est un de ces animaux dont l'appétit pour la chair est le plus véhément ; et quoique avec ce goût il ait reçu de la nature les moyens de le satisfaire, qu'elle lui ait donné des armes, de la ruse, de l'agilité, de la force, tout ce qui est nécessaire, en un mot, pour trouver, attaquer, vaincre, saisir et dévorer sa proie, cependant il meurt souvent de faim.... Il est naturellement grossier et poltron.... »

Il est vrai que la faim, le désespoir, la rage le poussent quelquefois aux entreprises les plus hasardeuses ; alors il entre furieux dans les bergeries, et met tout à mort avant même de songer à rassasier sa faim.

Mais, sauf ces jours de crises terribles, le loup ne combat qu'en tremblant.

« Il mort cruellement, et toujours avec d'autant plus d'acharnement, qu'on lui résiste moins, car il prend des précautions avec les animaux qui peuvent se défendre. Il craint pour lui, et ne se bat que par nécessité et jamais par un mouvement de courage.... Il préfère la chair vivante à la morte, et cependant il dévore les voiries les plus infectes. Il aime la chair humaine ; et peut-être, s'il était le plus fort, n'en mangerait-il pas d'autre. »

Avec tout cela, les loups en sont réduits quelquefois à vivre de limaçons. Quelle misère et quelle honte !

Aussi, après avoir été, pendant tout le moyen-âge, l'effroi de nos campagnes, sont-ils devenus presque un objet de risée. Cela s'explique : au moyen-âge, ils vivaient en troupes, et pour la moindre attaque, se réunissant toujours en grand nombre, ils n'avaient rien à craindre. D'ailleurs les paysans, partout désarmés, ne pouvaient guère se défendre contre leurs agressions. C'était le bon temps pour les seigneurs loups ; ils mangeaient les paysans, ou tout au moins leurs enfants et leurs femmes.

Nul animal n'a eu plus à souffrir de nos révolutions. Le droit de chasse accordé à tous les citoyens a été pour les loups le signal de la décadence. On a pu croire, il y a une soixantaine d'années, qu'ils allaient disparaître de la plupart de nos départements, comme ils ont disparu d'Angleterre; mais il y a eu depuis en leur faveur une réaction qui semble heureusement devoir prendre fin.

Terminons par une anecdote qui met bien en relief leur poltronnerie.

Une femme était tombée le soir dans une fosse à loups, un renard y tombe quelques instants après ; puis un peu plus tard un loup vient les rejoindre. Au matin, on les trouva dans la fosse. Aucun des trois ne s'était blessé ; mais l'un d'eux était à moitié mort de peur : c'était le loup, qui se laissa prendre et museler sans faire la moindre résistance.

Relisez le grand naturaliste (la Fontaine), et vous verrez que presque toujours, en effet, le loup y finit misérablement, soit qu'il essaie de se faire berger, soit qu'il veuille jouer auprès du cheval le rôle d'Hippocrate, soit qu'il accourc lorsqu'il entend *mère tenchent chen fieux qui crie.*

LA TAUPE.

Quand on compare au nombre des animaux connus le nombre des animaux utilisés, on s'étonne que les hommes se soient fait si peu d'amis. Et cependant, il n'est personne qui ne comprenne que nous pourrions, dans le monde des bêtes, trouver encore bien des auxiliaires.

La plupart des animaux ont une spécialité si prononcée, qu'il serait facile à un observateur attentif de découvrir le parti qu'on peut tirer de quelques-uns d'entre eux pour le service du cultivateur. Les taupes nous en offriront un exemple. La faculté dominante chez ces animaux, c'est la faculté digestive. « La taupe n'a pas faim comme les autres animaux, dit Geoffroy-Saint-Hilaire, ce besoin est chez elle exalté jusqu'à la frénésie ; sa gloutonnerie commande toutes facultés. Rien ne lui coûte pour assouvir sa faim ; elle s'abandonne à sa voracité. Quoi qu'il arrive, rien ne l'arrête, pas même la présence de l'homme. » Il faut qu'elle dévore incessamment, quelques heures de jeûne la tuent. Aucune machine ne donne une idée de l'activité prodigieuse de son estomac. Il lui faut donc au travail une ardeur presque sans exemple pour se procurer en quantité suffisante les vers, larves, bestioles de toute espèce nécessaires à sa subsistance. La taupe est, de plus, une mère de famille excellente. Nulle femelle n'aimerait plus qu'elle à voir ses petits gavés ; mais quelque activité, quelque dévouement qu'elle y mette, jamais ils ne lui disent : Assez. Ce sont des entonnoirs à victuaille. Eh bien! cela seul ne suffit-il pas à nous faire comprendre le rôle important des taupes dans le nettoyage du sol? La tâche que les oiseaux accomplissent dans l'air, elles s'en acquittent sous le sol avec la même activité, le même soin, la même prestesse. La rapidité de leurs forages et de leurs courses souterraines confond notre imagination : le sol semble avoir pour elles la fluidité de l'eau. Ce qu'elles dévorent d'insectes malfaisants est incalculable. Sans elles, vraisemblablement, en beaucoup de contrées, toute végétation serait impossible. Les mans ou vers blancs seuls, dont elles sont si friandes, deviendraient en quelques années un irrémédiable fléau.

Un horticulteur me faisait remarquer un plant de fraisiers dans lequel des taupes s'étaient établies. Ce plant, quoiqu'un peu bouleversé çà et là, était couvert de fraisiers vigoureux, chargés de fruits et de fleurs ; au contraire, dans une autre partie du jardin où les taupes ne s'étaient point encore établies, tout était mort, dévoré par les mans, qui, comme on sait, sont tellement avides des racines de fraisier, que quelques agronomes en plantent au pied de leurs arbres à fruit pour les préserver contre la voracité de ces larves, qui laissent tout pour leur plante de prédilection.

Les deux plants de fraisiers de cet horticulteur sont une preuve nouvelle de l'utilité de la taupe, que l'on peut certainement considérer comme le plus grand expurgateur du sol. Aussi commence-t-on à l'introduire dans les contrées où elle est devenue rare. « Du reste, disait en riant un agriculteur, le moyen d'entretenir chez soi des taupes, c'est peut-être d'avoir un taupier. » Les taupiers, gens habiles, savent parfaitement aménager dans nos champs ces bêtes utiles. Il serait aisé de tout détruire, ils s'en gardent bien. Que deviendraient, en effet, les taupiers sans les taupes? Aussi, s'il y a dans un champ une vingtaine de ces fouilleuses, on y détruit cinq ou six mâles après la saison des amours; on en fait une grande montre en les suspendant aux branches des arbres, contrairement à tous les règlements de police rurale. Mais les femelles pleines sont avec soin conservées.

Je sais que beaucoup de cultivateurs refusent d'admettre l'utilité des taupes : cela tient à ce qu'ils voient le mal qu'elles font, tandis que leurs services restent inaperçus; mais ce mal, avec un peu de soin, se peut chaque jour réparer. Quelques coups de râteau suffisent à éparpiller les mottes qu'elles soulèvent; et notez que ces mottes, souvent imprégnées du fumier de ces infatigables mangeuses, deviennent pour le champ un engrais excellent. Des milliers de vers sont par elles incessamment transformés en déjections fertilisantes. Sans doute elles font payer au cultivateur les services qu'elles lui rendent, car aucun être dans la nature ne travaille gratis, nous l'avons déjà dit; il faut donc sans murmurer accorder un léger impôt à ces utiles fonctionnaires.

Du reste, nul soin à prendre des taupes; il n'y a point avec elles à tenter la domestication, c'est à l'état sauvage qu'elles nous rendent leurs services. Il ne faut que les laisser vivre et les laisser faire. Tout au plus pourrait-on, des endroits où elles sont trop nombreuses, les transporter aux lieux où elles manquent : c'est, du reste, la tâche dont savent parfaitement s'acquitter les taupiers. Aussi placerons-nous les taupiers eux-mêmes parmi les amis du cultivateur. Qu'ils ne craignent donc plus d'exercer ouvertement leur utile métier de propagateurs et de conservateurs de taupes, et qu'ils cessent de s'en dire les destructeurs ! Le règne du mensonge est fini, même pour les taupiers.

LE HÉRISSON.

Il n'y a pas, dans nos campagnes, de bête plus innocente que le hérisson; malheureusement, ce pauvre animal est depuis longtemps la victime d'une erreur judiciaire. Lorsque, dans ses promenades nocturnes, il passe, en automne, sous des pommiers, il arrive parfois que quelques pommes, lui tombant sur le dos, se piquent à ses épines et y restent fixées. Au matin, le paysan qui le rencontre ainsi chargé le prend pour un voleur et le tue : il faut avouer que les apparences sont ici assez trompeuses. Mais on ne s'en tient pas là; on prête au malheureux des crimes imaginaires; on l'accuse de faire avorter les vaches; de là vient l'acharnement terrible avec lequel les gens de la campagne le poursuivent. Ils ne se contentent pas de le tuer, ils inventent pour lui des supplices affreux : le feu, l'eau, le fer, y suffisent à peine. Et pourtant, voyez de quel privilége significatif la nature l'a doué! Elle a fait en sa faveur un miracle physiologique : les poisons les plus subtils sont pour lui sans action. Les cantharides, qui tuent si promptement les autres animaux, ne lui font rien : un observateur a vu des hérissons en manger, sans inconvénient, par centaines; l'opium, l'arsenic, ne peuvent l'empoisonner. On les a soumis à de fortes doses de valérianate d'atropine, sans qu'ils en éprouvassent le moindre mal.

Le hérisson.

Maintenant, observons les hérissons en liberté dans les bois et les champs. Quelle est leur principale occupation, leur passion favorite, leur art en quelque sorte? C'est la chasse aux vipères. Ils y sont d'une adresse et d'une prestesse merveilleuses : ils éprouvent une telle joie à terrasser leur adversaire, qu'on ne peut en être témoin sans la partager. La vipère peut, tant qu'elle veut, le piquer de ses crochets empoisonnés, elle peut lui percer les lèvres mêmes et la langue, il n'a nullement l'air de s'en apercevoir. La nature l'a rendu inviolable aux reptiles. Cette espèce de consécration eût dû nous le rendre respectable entre tous les êtres ; mais il n'en est pas que nous maltraitions davantage. En détruisant chaque année un nombre considérable de reptiles dangereux, il sauve la vie certainement à beaucoup d'entre nous ; mais qui lui en sait gré?

Le hérisson est un bienfaiteur pour l'habitant des campagnes, non pas seulement en diminuant le nombre des vipères, mais encore en faisant une guerre active à mille petites bêtes nuisibles, qui se traînent la nuit sur toute la surface du sol. Le hérisson est, lui aussi, un carnassier à digestion rapide; il est gourmand, c'est sa vertu, sa force pour l'accomplissement de la tâche qui lui est échue.

Cette gourmandise du hérisson, lorsqu'on l'apprivoise, lui devient funeste. J'en ai eu sous les yeux plusieurs exemples : des hérissons habitués à vivre chez moi en domesticité sont presque toujours morts des suites de leur intempérance. Après des repas trop copieux, une diarrhée affreuse les enlevait en quelques heures.

On fera donc bien, lorsqu'on voudra avoir chez soi des hérissons, de ne pas trop se préoccuper de leur nourriture, et de leur laisser le soin d'y pourvoir eux-mêmes. Il ne faut pour cela que les laisser vivre en liberté dans les jardins et les herbages. Dans les jardins clos de murs surtout, d'où ils ne peuvent s'échapper, ils sont d'excellents destructeurs de limaces, et ne causent aux cultures aucun dommage appréciable.

Nous avons vu que le hérisson a pour caractère distinctif d'être réfractaire aux poisons; il en a un autre encore, c'est de ne pouvoir être, à cause de ses piquants, tué ni dévoré par aucun autre animal. La nature en a fait en toutes manières un être inattaquable : le renard seul, dit Buffon, ose quelquefois le saisir, et il n'est pas sans exemple qu'il en soit venu à bout, en se mettant les pieds et la gueule en sang. Le hérisson ne craint donc que le renard et l'homme. Espérons qu'un temps viendra où il n'aura plus à craindre ce dernier. On ne peut douter, en effet, qu'il ne soit un des animaux les plus utiles de nos contrées, et que cela ne doive être de plus en plus évident pour tous.

On dit pourtant que quelques chiens attaquent et réussissent aussi quelquefois à tuer le hérisson; mais le fait est si rare, qu'il ne peut guère être considéré comme une vraie cause de la disparition de l'utile animal.

J'ai parlé de hérissons apprivoisés; il est peut-être bon d'insister sur ce point, de dire qu'aucune bête ne s'habitue plus aisément à la société de l'homme et ne paraît s'y plaire davantage.

Ecoutez plutôt l'histoire de M. Cochonnet :

Monsieur Cochonnet était un hérisson parfaitement élevé. Une dame aimable et instruite avait fait son éducation, et Dieu sait s'il en sut profiter ! Un chien n'est pas plus docile à la voix de sa maîtresse; elle s'en faisait suivre et caresser. Quand il était trop longtemps sans la voir, il venait doucement gratter à la porte, et chacun disait dans la maison : Voilà monsieur Cochonnet. Aux repas, il savait très-bien grimper sur les genoux; mais la vraie fête pour lui en fait de friandise, c'était, en hiver, d'avoir à croquer quelques limaces ou limaçons; car, en été, dans le jardin, veuillez croire qu'il ne s'en privait pas; et voilà justement le point où j'en voulais venir : il détruisait les insectes! Or, le hérisson est un chasseur nocturne, et c'est la nuit surtout qu'il importe de faire la guerre à toutes ces vilaines bêtes rongeuses. Monsieur Cochonnet accomplissait sa tâche dans la perfection, sans causer aux cultures le plus petit dommage. Aussi tous lui témoignaient du respect, et jamais on ne se fût permis de l'appeler Cochonnet tout court, sans la qualification de *monsieur*. D'ailleurs, lui-même très-probablement n'eût pas entendu.

Un quidam ignorant et cruel qui ne connaissait pas monsieur Cochonnet le tua au bord du chemin où il était allé un soir respirer le frais.

L'institutrice de ce hérisson me disait : « Monsieur, j'ai élevé toute espèce de bêtes, et je les ai trouvées toutes dociles et charmantes; je n'en excepte que le sanglier. »

LA LOUTRE.

Ouvrez un dictionnaire d'histoire naturelle au mot Loutre ; vous y verrez que cet animal est un mammifère de l'ordre des carnassiers et de la section des digitigrades. Digitigrade, c'est-à-dire qui marche sur les doigts. Puis le dictionnaire vous répétera pour la millième fois, sur ce ravageur des étangs, tout ce qu'en a dit Buffon, qui n'en dit pas grand'chose.

Buffon, cependant, à propos de cet animal, touche le point important, celui de sa domestication et de son éducation pour la pêche.

A l'état sauvage, la loutre est la terreur des éleveurs de poisson ; à l'état domestique, elle devient un de leurs plus utiles auxiliaires.

Quand on aura partout convenablement organisé la

pisciculture, la loutre prendra son véritable rôle : elle sera le chien de berger des poissons. Elle sera plus encore chez le cultivateur d'eau : nous la verrons y servir

La loutre.

de pêcheur et de plongeur. Sans doute, les grandes pêches se feront par des procédés et par des engins beaucoup plus expéditifs ; mais pour ce que j'appellerais volontiers la pêche au détail, la loutre sera un serviteur inappréciable. Avez-vous inopinément besoin de tel ou tel poisson de vos réservoirs ? Désignez-le du doigt à votre loutre, à l'instant même elle vous l'apportera vivant et sans blessure. Ce fait, bien que confirmé par l'expérience, peut surprendre ; mais que dire de cet autre exemple de ce que peut produire l'éducation chez les animaux élevés en domesticité ?

A Saint-Martin-du-Vivier, près de Rouen, chez un pisciculteur bien connu, des centaines de personnes ont vu deux chiens de chasse, deux épagneuls, la mère et le fils, se jeter à l'eau sur un signe de leur maître, tomber en arrêt sur le poisson indiqué, en approcher peu à peu, le fasciner du regard, le saisir délicatement entre les dents par la nageoire dorsale, et le déposer sain et sauf sur la berge. C'était sur des truites que se faisait l'expérience de Saint-Martin-du-Vivier, devant les nombreux visiteurs de l'établissement. Le plus singulier, c'est que la truite, une fois sous le regard du chien, ne songeait plus à fuir et semblait éprouver du plaisir à être pêchée.

Si l'on a pu dresser des chiens à un tel service, songez à ce qu'on pourrait obtenir de la loutre. Ici l'éducation serait favorisée par l'instinct, et n'en serait même que le développement. La loutre est tout entière organisée pour la pêche, ses pieds palmés en font le plus habile des nageurs ; les habitudes du poisson lui sont connues ; elle aime les rivières, en sait les cachettes et les détours.

Sa double fourrure est imperméable à l'eau. Rien de plus facile à apprivoiser que la loutre : on dirait qu'elle se voit avec plaisir honorée de la compagnie de l'homme. Pour lui elle ne pêche pas seulement avec adresse, elle semble y mettre encore du dévouement. A l'état sauvage, elle se plaît aux actes de brigandage, tue tous les poissons qu'elle peut atteindre, et les laisse à moitié rongés sur les bords des rivières ; mais, admise au bienfait de l'éducation, elle évite même de blesser le poisson, qu'elle pêche uniquement pour son maître, et, se contentant des breuilles ou de toute autre nourriture, elle mange modestement ce qu'on lui donne.

Voilà donc un animal qui, dans l'état actuel des choses, est encore un ennemi du cultivateur, mais qui est destiné à devenir un de ses plus utiles serviteurs.

Je prévois l'objection :

Un cultivateur n'est pas un pisciculteur ; que ferait-il donc de vos loutres apprivoisées ?

Eh ! le cultivateur n'est pas seulement un éleveur de céréales, de foin et de fruits; il est et doit devenir de plus en plus un éleveur d'animaux. Or, le temps n'est pas loin où le dernier des paysans saura que tout étang, toute mare, tout ruisseau, peut, en y semant du poisson, rapporter chaque année 1 fr. par mètre cube d'eau. La seule mare où vont boire les bestiaux de la ferme, bien cultivée en poissons, pourra nourrir la famille et les gens au moins un jour par semaine; il y a plus : les poissons, empêchant l'eau de se corrompre en été, préserveront peut-être vos bestiaux de bien des maladies.

Eh bien ! quand vous aurez rendu à toutes les eaux leurs habitants naturels, les poissons, vous comprendrez la nécessité d'apprivoiser la loutre et d'en faire votre pêcheur de famille. Loin d'avoir à la payer de ses soins, c'est elle, au contraire, qui vous paiera des vôtres, par sa riche et belle fourrure.

Acclimatez, apprivoisez, instruisez les animaux, voilà ce qu'il faut répéter sans cesse aux cultivateurs.

Beaucoup de créatures restées jusqu'ici inutiles ou nuisibles à l'agriculture devront être un jour placées parmi ses serviteurs les plus actifs. N'est-il pas humiliant que, sur plus de cent cinquante mille animaux connus, ou du moins catalogués par les naturalistes, nous n'en ayons pas utilisé cinquante ? Vous voyez bien qu'au point de vue pratique, qu'au point de vue agricole, l'histoire naturelle est tout entière à créer.

Nous n'avons connu jusqu'ici que la loutre nuisible; donnez-nous la loutre utile; vous nous aurez ainsi conquis un ami de plus.

Eugenio Remondi soutenait, il y a deux siècles, qu'on peut dresser la loutre à rapporter le poisson qui lui est désigné. Ce fait ne doit pas surprendre ceux qui savent jusqu'où peut aller la docilité des animaux. Par l'éducation, on en obtient, en effet, des services pour lesquels ils ne semblaient même n'avoir aucune aptitude. J'ai cité les deux chiens de Saint-Martin-du-Vivier, dressés à la pêche de telle façon qu'ils rapportaient vivantes du fond des rivières, sans aucunement les blesser, les truites que, du haut des berges, on leur désignait du doigt. Si l'on a pu faire exécuter par des chiens une telle besogne, peut-on douter qu'elle ne se fasse beaucoup mieux encore par des loutres, si bien douées de tout ce qui constitue les plus habiles plongeurs ?

Un journal espagnol rapportait, il n'y a pas longtemps, qu'un pêcheur de Vigo, en Galice, se sert d'un *dauphin* apprivoisé pour remorquer une petite barque. L'expérience, disait-il, en a été faite en présence des autorités locales, et elle a parfaitement réussi. Il n'y a rien dans ce fait qui doive surprendre, quand on se rappelle l'usage que l'antiquité a su faire des dauphins, et dont on peut voir toutes les utiles applications dans Pline le naturaliste. On peut regretter même que le pêcheur espagnol n'ait appliqué l'intelligence et la docilité du dauphin qu'à un usage aussi puéril. Les dauphins ne sont pas seulement intelligents et soumis, ils éprouvent un visible plaisir à vivre en la compagnie de l'homme, à travailler avec lui, à l'entourer de leurs caresses et de leurs services. Aussi, quand les nations modernes auront vraiment organisé la culture des eaux, — une des plus riches industries de l'avenir, — ces animaux seront, comme la loutre, pour le bétail aquatique, ce que sont les chiens de berger pour nos bêtes agricoles.

La nature de toutes parts nous offre des auxiliaires intelligents, actifs et presque gratuits; mais nous ne savons pas les voir : nous avons utilisé, pour la chasse, le chien et le faucon, mais c'est tout; cependant nous pourrions avoir dans nos basses-cours de jolies troupes d'oiseaux coureurs surveillées, conduites par l'*agami;* nous pourrions avoir, sur tout le littoral de l'Océan, des troupeaux de poissons confiés à la vigilance du dauphin, qui serait de plus un excellent pêcheur.

Dans les étangs et les rivières, la loutre pourrait nous servir au même usage; mais il faudra probablement que ceci soit dit, redit, répété encore pendant un siècle ou deux.

Nous nous habituons mal à l'idée d'avoir les animaux pour amis, pour associés et coopérateurs.

Hélas ! à peine savons-nous ce que c'est que l'association entre hommes. Mais patience ! le temps marche, la lumière se fait, nos yeux s'ouvriront, et peut-être qu'un jour nous saurons apercevoir et saisir nos richesses jusqu'au fond de la mer.

LES CASTORS.

La Norwége est le seul coin de l'Europe où l'on trouve encore des castors. Hélas ! ils disparaîtront peut-être du monde entier.

Ils n'en ont pas moins été nos premiers maîtres en l'art d'architecture. C'est en effet à l'imitation de ces animaux intelligents que les premiers villages humains furent bâtis dans l'eau. On leur emprunta même leurs formes architecturales. Notez qu'en effet, les castors, aux temps préhistoriques, existaient en quantités prodigieuses, que les tourbières sont pleines de leurs ossements, et qu'ils ont bien l'air d'avoir été longtemps les vrais rois de ce monde.

Vivant en grand nombre dans les fleuves extravasés, ils construisaient de vastes cités isolées au milieu des eaux, où les animaux féroces ne les pouvaient atteindre. Ils avaient alors une force, une taille et sans doute une habileté qu'ils ont perdues en perdant leur prééminence.

Hélas ! pourchassés aujourd'hui de partout, ils ont dû presque partout aussi renoncer aux constructions extérieures qui les dénoncent à leurs ennemis; ils en sont réduits, les malheureux ! à se creuser des trous et à vivre sous terre, eux, les premiers bâtisseurs de villes, eux qui couvrirent autrefois les rivières d'Europe de milliers de petites Venise. Ceux qu'on élève en captivité, malgré tout ce qu'on prend de soins pour les engager à bâtir, ne s'y décident jamais. La captivité les repousse vers la barbarie, l'ignorance, l'insociabilité. Dans cet état, ils se battent entre eux, au lieu de s'associer.

Ce qui vraiment confond dans les travaux des castors, c'est moins leurs habitations que les digues dont ils barrent les rivières, afin de maintenir le niveau de l'eau toujours au même point, tandis que dans les eaux tranquilles des étangs et des lacs ils n'ont pas recours à ces digues, inutiles dans les eaux à niveau constant.

Le castor.

Les digues dont les castors entourent leurs bourgades ont souvent des dimensions considérables : elles consistent en plusieurs rangs de pieux solidement enfoncés, entrelacés de branches flexibles ; puis, entre ces clayonnages on entasse la terre glaise. Quant à leurs maisons, elles ont ici jusqu'à 3 mètres 30 centimètres de diamètre sur 4 mètres d'élévation. Leurs murailles ont une épaisseur de 65 centimètres.... Aucune ville, non pas même la ville des Césars et des papes, ne cause au voyageur plus d'admiration et de saisissement que cette libre cité des castors....

Les castors font en été, pour l'hiver, de grands approvisionnements de bois vert, qu'ils entassent et conservent au fond de l'eau et dont ils rongent l'écorce. Au temps où ces animaux abondaient en France et partout, on mangeait leur chair, qui ressemblait assez à celle du bœuf, mais qui, très-grasse, avait l'odeur un peu forte et se digérait difficilement. Tout le monde sait que, dans les couvents, il était permis, aux jours d'abstinence, de manger les queues de castor, les théologiens, dans leur sagesse, les ayant déclarées poisson, parce qu'elles sont écailleuses.

Au commencement de ce siècle, la chasse aux castors était encore, en quelques contrées, d'un produit considérable; ainsi, la seule compagnie de la baie d'Hudson, en 1820, vendit 60,000 peaux de ces rongeurs.

L'organisme entier des castors est adapté à leur vie aquatique : pieds palmés, queue aplatie leur servant à se diriger en nageant, nez et oreilles doués de la faculté de se fermer, paupières transparentes préservant les yeux du contact de l'eau, sans les empêcher de vaquer à leurs travaux sous-marins.

Aujourd'hui, leur patrie c'est encore un peu la Norwége; mais c'est encore plus l'Amérique septentrionale, entre les 30e et 60e degrés de latitude. Quelques familles de castors se sont pourtant réfugiées en Sibérie. On en trouvait encore, il y a cinquante ans, sur les bords du Danube, du Rhône, du Gardon, et dans quelques petites rivières de Westphalie.

FIN.

LE MERLE.

J'ai promis dans la *Préface*, que peut-être vous n'avez pas lue, d'arrêter aux castors cette causerie sur les bêtes petites et grosses; mais, jeunes lecteurs, si vous ne vous ennuyez pas à ces libres propos, moi j'y prends grand plaisir, et je les continue quelques instants encore, pour revenir aux oiseaux, regrettant de ne pouvoir revenir même aux *bébêtes*, c'est-à-dire aux insectes, d'étude si facile et si attrayante.

Les oiseaux, aux premiers jours de mars, recommencent leur concert matinal; c'est le merle qui le premier fait entendre sa voix. Il chante dès l'aube, avant de se mettre au travail, et l'on dirait qu'il veut à lui-même se redonner du cœur, aussi bien qu'à sa femelle. Il s'agit d'une œuvre capitale : la construction du nid. J'imagine, lecteur, que vous connaissez le nid du merle. Ce nid, très-gros, est à l'extérieur habilement et solidement charpenté de brindilles entrelacées, de mousse légèrement mastiquée d'une couche de terre glaise. L'intérieur est matelassé d'un doux feutrage de fines racines d'herbes. Comptez les brindilles apportées une à une et délicatement reliées; comptez, si vous en avez la patience, les brins de mousse, les becquetées de terre patiemment délayées et gâchées; comptez les racines flexibles et moelleuses de l'intérieur : elles y sont par milliers. Voyez maintenant avec quel art tout cela est combiné, et demandez-vous quelle activité prodigieuse il faut à deux pauvres oiseaux pour achever un tel ouvrage en huit jours, car huit jours leur suffisent pour cette construction.

Alors vous comprendrez cette *Marseillaise* matinale de l'oiseau chantée chaque jour au réveil.

Tout, dès lors, vous sera expliqué du merle, et son inquiétude, et sa turbulence, et sa brusquerie, et son vol empressé, et son agitation continuelle, et son intelligence rapide, et le peu de choix qu'il met à sa nourriture. Il ne peut ni chercher, ni attendre : graines, fruits, bestioles mortes ou vivantes, tout lui est bon, cuit, cru, frais ou gâté.

Le grand musicien est en ce moment tout à l'architecture, et ne demande à son art de prédilection, le chant, qu'un *sursum corda* quotidien pour la construction du nid où, dans quelques jours, la femelle déposera *ses œufs, ses tendres œufs....*

Une fois la couvée en train, le mâle n'aura plus qu'à

chanter sur la branche voisine, pour charmer et réjouir sa compagne..., et puis, de temps en temps, vous le verrez s'élancer comme une flèche à la recherche pour elle et pour lui d'un peu de nourriture.

Mais voici un autre spectacle. Un brigand terrible approche; tout s'envole, s'enfuit ou se blottit sous terre : c'est le renard.... Le merle s'élance à sa rencontre, le regarde en face, pousse un cri terrible, vole en tournoyant autour du malfaiteur, crie, jure, appelle, sème l'alarme, menace de son bec jaune, de son plumage noir, le renard effaré, qui fuit devant l'oiseau, et n'arrêtera sa poursuite qu'à l'entrée même du terrier où le mangeur de poulets rentre « honteux et confus. »

Ceci est un des plus beaux exemples de ce que peut la vaillance chez les petits.

Ajouterai je que les ornithologistes ont rangé les merles dans l'ordre des passereaux ou sauteurs, famille des *longirostres*, c'est-à-dire, en français, famille des *longs becs*.

Ah ! quand la science en finira-t-elle avec ces pédanteries?

LE MARTIN-PÊCHEUR.

Mon âme s'en allait tristement abattue
Sous le pesant fardeau de cent soucis divers.
. . . .
Mais, malgré la rigueur du destin qui m'outrage,
Je vis tes grands exploits faire sur mon courage
Ce que font sur les flots les nids des alcyons.

De qui sont ces vers harmonieux et mélancoliques? De Lamartine? De Musset? Nullement. Ils sont de maître Adam Billaut, le menuisier poëte de Nevers.

Ils me sont revenus en mémoire tout à l'heure, au bord de la *Clairette* : un martin-pêcheur passant d'un trait rapide me les a rappelés. Le martin-pêcheur (alcyon des anciens), le plus bel oiseau de nos climats, avait, au temps d'Aristote et de Pline, la réputation de faire un nid flottant que berçaient doucement les eaux de la mer sans le submerger jamais. Neptune, en faveur de ces oiseaux, maintenait le calme dans son empire ;

les jours alcyoniens étaient connus de tous les matelots.

Buffon a pris la peine de recueillir toutes les fables auxquelles ont donné lieu les habitudes solitaires et mystérieuses du martin-pêcheur.

Après sa mort, suspendu dans les maisons, il préservait de la foudre, chassait les insectes, indiquait à l'avance la direction du vent; il maintenait la paix dans les familles, comme son nid la maintenait sur les flots; à qui portait une ou plusieurs de ses plumes, il communiquait la grâce, la beauté; donnait le succès à la pêche aussi bien qu'en amour; sa chair était incorruptible; et, suspendu en l'air par un fil, on voyait au printemps, chaque année, son plumage se renouveler.

Durant sa vie, les branches des arbres sur lesquels il se posait se desséchaient à l'instant; son nid, qui flottait si bien sur les eaux, portant ensemble la mère et les petits, était un fin tissu d'arêtes de poisson, étroitement entrelacées.

Tout cela s'est dit, redit, répété, pendant des siècles. Personne n'en avait rien vu; mais on l'avait lu dans des livres, on l'avait appris de son père, de son grand-père; et l'éternel *ouï dire* l'emportait sur la réalité.

Tout un siècle de science, d'observations positives, devait être employé à dissiper ces chimères; depuis Buffon, c'est l'oiseau lui-même qu'on observe, qu'on étudie, qu'on interroge.

Ne songeant d'abord à le décrire qu'en son extérieur, qu'en ses mœurs, Buffon commença par le regarder vivre avec ses libres allures, au bord des rivières. Il le voyait passer éblouissant et rapide dans ses jardins de Montbard, comme nous le voyons ici dans nos prairies ; aussi de quelle sûreté de plume il nous le décrit :

« C'est le plus bel oiseau de nos climats, et il n'y en a aucun en Europe qu'on puisse comparer au martin-pêcheur pour la netteté, la richesse et l'éclat des couleurs ; elles ont la nuance de l'arc-en-ciel, le brillant de l'émail, le lustre de la soie ; tout le milieu du dos, avec le dessus de la queue, est d'un bleu clair et brillant qui, aux rayons du soleil, a le jeu du saphir et l'œil de la turquoise ; le vert se mêle sur ses ailes au bleu, et la plupart des plumes y sont terminées et ponctuées par une teinte d'aigue-marine ; la tête et le dessus du cou sont pointillés de même de taches plus claires sur un fond d'azur. Gesner compare le jaune rouge ardent qui colore la poitrine au rouge enflammé d'un charbon.

« Il semble que le martin-pêcheur se soit échappé de ces climats où le soleil verse avec les flots d'une lumière plus pure tous les trésors des plus riches couleurs.... »

Mais il n'a ces splendeurs qu'à l'état de vie.... Le feu, la flamme, l'éblouissement s'éteignent à la mort. L'empaillement pour le martin-pêcheur est la plus néfaste des calomnies.

Même vivant et vu au repos, il perd de sa grâce; l'absence de queue le rend ridicule en ses brillants habits, tandis qu'au vol c'est une étoile filante, un météore irisé.

« Son vol est rapide et filé; il suit ordinairement les contours des ruisseaux en rasant la surface de l'eau. Il crie en volant *ki, ki, ki, ki,* d'une voix perçante et qui fait retentir les rivages....

« Il niche au bord des rivières et des ruisseaux, dans des trous creusés par les rats d'eau ou par les écrevisses, qu'il approfondit lui-même, et dont il maçonne et rétrécit l'ouverture.... »

Nous voilà bien loin des nids flottants sur l'onde; mais nous entrons dans la réalité....

Nous n'y perdrons rien, les nids flottants se retrouveront avec le grèbre castagneux....

Le martin-pêcheur semble lui-même savoir parfaitement qu'il n'a toute sa beauté que dans le vol; il ne s'arrête qu'aux lieux les plus solitaires. Devant tout spectateur, il passe comme un trait. L'hirondelle elle-même n'est pas plus rapide ni plus brusque en ses mouvements. C'est à la pêche surtout qu'il est beau à voir; suspendu dans l'air à cinq ou six mètres au-dessus de l'eau, aperçoit-il poisson ou bestiole, il tombe, plonge, se relève, emportant sa proie avec la rapidité de la foudre. On a dit qu'il tombe comme la pierre ou le plomb, et pour cela les Italiens l'ont nommé *piombino.*

Mais il est dans sa chute bien autrement rapide que les corps bruts soumis aux seules lois de la pesanteur; en voulez-vous la preuve? Un poisson hors de l'eau se débat, s'échappe de son bec et va retomber dans la rivière; l'oiseau redescend lui-même et ressaisit sa proie *en dessous*, l'ayant devancée de vitesse.

Si l'on en excepte le temps très-court des accouplements, le martin-pêcheur vit seul, farouche et sauvage, évitant surtout d'être aperçu de l'homme. Il ne se livre à ses pêches qu'aux lieux les plus isolés, se cantonnant du reste dans un cercle assez restreint d'où ses pareils sont par lui chassés avec fureur.

Difficilement trouverait-on une créature moins sociable.

Sa beauté, son éclat, ses incomparables richesses ne l'empêchent pas d'être un oiseau triste, inquiet, agité, condamné pour vivre à un travail incessant. Du matin au soir il circule, il plonge, replonge, descend et remonte sans cesse; avec cela, l'œil toujours au guet, tremblant de quelque rencontre funeste, tant ses ennemis sont nombreux. La splendeur, les feux et les rayonnements de sa parure, visiblement, au lieu de l'enorgueillir, le gênent en le dénonçant à tous les regards. De là ces brusques détours et ces soubresauts dans le vol. Il trouble, fascine, éblouit, déconcerte la vue, tout cela avec une aile étroite et sans ampleur. Mais avec quelle prestesse, avec quelle puissance il en joue! Léger d'ailleurs en toute sa personne; vif, alerte, pétulant, il paraît être (comme la guêpe) toujours en fureur, n'ayant ni jeux, ni délassements, ni repos. Sans société, sans amis, sans relations, toujours en chasse, toujours en guerre, poussant en avant dans l'air et dans l'eau son bec vigoureux, acéré, terrible, il combat, tue, dévore, n'a d'autre chant qu'un cri de bataille très-bien indiqué par Buffon. Au temps des amours, il mêle à ce cri une monosyllabe d'appel. C'est tout.

On ne chante pas, on ne plaisante pas chez le martin-pêcheur. Rien de moins artiste. Les autres oiseaux, pour cela, paraissent le mépriser et lui mal vouloir. Il n'a rien, en effet, des mœurs de l'oiseau, ou du moins il n'a rien des oiseaux causeurs, chanteurs et joueurs, parmi lesquels il se trouve. C'est un rapace impitoyable, infatigable; tout art est méprisé par lui, jusque dans le nid. Il se terre comme les rats, dont il ne sait qu'usurper les trous délaissés. Il n'a de travail que pour le ventre, cet oiseau saphir et topaze. Nulle créature n'est condamnée pour vivre à de plus rudes travaux forcés. Dévoré en sa pétulance d'une flamme intérieure si ardente, qu'elle s'échappe à travers les plumes en gerbes d'étincelles.... On ne sait quoi de chaud et d'électrique scintille en cet oiseau unique dans nos climats tempérés. On le croirait chez nous en exil, et rien vraiment n'y explique sa présence; il y reste en hiver cependant, et pêche jusque sous la glace.

Pour moi, je n'ai observé plus curieusement aucune de nos bêtes. Son intensité de vie, sa beauté, son énergie sauvage, son goût de la solitude, la tristesse de son existence au milieu de son royal éclat ; l'azur, la pourpre et l'or sur ce mercenaire me causent un indicible et mystérieux étonnement. Oh! que la simple alouette ou le joli chardonneret, ou la joyeuse fauvette, charment bien plus l'esprit! Sur leurs nids, vous pourriez écrire : « Ici l'on aime, ici l'on chante ; famille, amitié, sociabilité, patrie, beaux-arts, industries, nous avons tout cela. » Le martin-pêcheur n'a rien que lui-même et son ventre, qui toujours commande. C'est l'éternel affamé, l'éternel martyr de la nutrition.

Avec l'habit d'un prince, c'est le plus misérable des prolétaires.

Combien le peuple de France a su finement pénétrer ce mystère! Aussi lui a-t-il, à ce brillant personnage, donné l'humble nom de *Martin*.... c'est le *Martin-Pêcheur*.

LE CHARDONNERET.

Je vous parlais, amis, dans le précédent chapitre, du plus bel oiseau de nos climats, du martin-pêcheur. Voici maintenant quelques notes sur celui qui, pour la beauté, tient le premier rang après le martin-pêcheur. Il s'agit du chardonneret.

Buffon l'a décrit en ces termes :

« Beauté du plumage, douceur de la voix, finesse de l'instinct, adresse singulière, docilité à l'épreuve, ce charmant petit oiseau réunit tout, et il ne lui manque que d'être rare et de venir d'un pays éloigné pour être estimé ce qu'il vaut.

« Le rouge cramoisi, le noir velouté, le blanc, le jaune doré, sont les principales couleurs qu'on voit briller sur son plumage, et le mélange bien entendu de teintes plus douces ou plus sombres leur donne encore plus d'éclat. »

Le chardonneret ne prend ces belles couleurs qu'en son âge adulte. Pendant les quatre ou cinq premiers mois de son existence, il reste vêtu modestement de gris.

Comme le rouge-gorge, le troglodyte, le moineau et l'hirondelle, le chardonneret est un oiseau familier, ami de l'homme, dont il recherche volontiers la compagnie. Il vit le plus souvent dans les jardins, où le petit friand trouve à festiner copieusement : graines de salades, de scorsonère (salsifis noir), de raves, de chanvre, sont pour lui mets délicieux. Dans les champs, une tête de chardon bien épanouie, bien cotonneuse, lui cause de telles joies, que souvent je l'ai vu, en s'y suspendant, entonner un champ d'allégresse. Son nid est un des plus habilement construits : parois extérieures en mousse, lichen, doublé intérieurement de fines racines entrelacées avec art; puis vient une couche d'herbes, et puis, pour y poser les œufs, un délicat coussin de crin, de coton, de duvet végétal. Les petits sont nourris, surveillés, éduqués avec un soin extrême : leçons de vol, leçons de chant, leçons de chasse, rien n'est négligé.

Tout le monde sait que les petits, mis en cage, recevront encore, à travers les barreaux, les soins paternels et maternels, et les caresses, et les bons conseils, et les douces chansons.

Quelques-uns, vers la fin d'octobre, se réunissent par petits groupes de dix à quarante, et s'en vont vers le

Midi, non par crainte du froid, mais pour retrouver abondance de friandises. En mars ou avril, ils s'empressent de revenir vers le pays natal.

Croirait-on, si l'on ne l'avait vu cent fois, que le gracieux oiseau mis en cage ou seulement habitué à la *galère* (petit perchoir où l'oiseau reste attaché par une chaîne), croirait-on, dis-je, que, mis en captivité, l'oiseau se laisse habiller, qu'il apprend à faire toutes sortes d'exercices, même à tirer des pétards, à sonner la cloche, à monter l'eau et le grain de ses repas placés au bout d'une chaînette, dans deux petits seaux? Quelques-uns montent à l'échelle, font habilement l'exercice du trapèze, tirent les cartes, rapportent à leur maître l'objet désigné.

Le « chardonneret savant » est une des curiosités les plus ordinaires sur nos places publiques.

Même en cage, le chardonneret peut vivre vingt ans. La captivité ne semble lui enlever rien de sa gaîté. Ouvrez sa cage, il y reste. Il trouve un visible plaisir et se fait une sorte d'honneur à vivre en compagnie de l'homme. Son maître n'est pas pour lui un geôlier, c'est un ami. Il fera tout pour lui plaire, et voilà comment il consent à devenir un « oiseau savant, » un oiseau faiseur de tours, danseur acrobate et tireur de cartes, un oiseau artilleur, un oiseau acteur; il fait parfaitement le mourant et le mort. Il a ses chansons rustiques, mais il apprend les nôtres.

Quel curieux livre il y aurait à faire sur l'intelligence des oiseaux! Qui voudra le faire, ce livre, n'aura qu'à vivre huit jours en la compagnie de l'incomparable ornithologiste M. Noury, d'Elbeuf. Personne au monde n'en sait plus sur le monde des oiseaux.

FIN.

ERRATA.

Page 130, ligne 4, au lieu de *lac*, lisez tac.

— 147, ligne 14, au lieu de *furieuses*, lisez curieuses.

— 148, ligne 10, au lieu de *advolu*, lisez advola.

TABLE.

FIN DE LA TABLE.

Rouen. — Imp. MEGARD et Cᵉ, rue Saint-Hilaire, 136.

www.ingramcontent.com/pod-product-compliance
Ingram Content Group UK Ltd.
Pitfield, Milton Keynes, MK11 3LW, UK
UKHW012206240726
13966UKWH00002B/607